辽西地区旱情遥感监测方法与应用

杨国范　林茂森　等著

黄河水利出版社
·郑州·

内 容 提 要

本书从遥感数据的预处理、遥感技术在旱情监测中的应用角度,以辽西地区的彰武县为例进行研究。详细叙述了运用环境小卫星数据和 Landsat8 OLI 数据进行遥感模型反演,分别建立基于垂直干旱指数、修正的垂直干旱指数、温度植被干旱指数的旱情监测模型的过程。

本书可供从事旱情遥感反演的科技工作者和学生参考。

图书在版编目(CIP)数据

辽西地区旱情遥感监测方法与应用/杨国范等著. —郑州:黄河水利出版社,2019.7
ISBN 978 – 7 – 5509 – 2461 – 1

Ⅰ.①辽…　Ⅱ.①杨…　Ⅲ.①遥感技术 – 应用 – 旱情 – 监测 – 研究 – 彰武县　Ⅳ.①P338

中国版本图书馆 CIP 数据核字(2019)第 167766 号

组稿编辑:李洪良　电话:0371 – 66026352　E-mail:hongliang0013@163.com

出 版 社:黄河水利出版社　　　　　　　　网址:www.yrcp.com
　　　　地址:河南省郑州市顺河路黄委会综合楼 14 层　邮政编码:450003
发行单位:黄河水利出版社
　　　　发行部电话:0371 – 66026940、66020550、66028024、66022620(传真)
　　　　E-mail:hhslcbs@126.com
承印单位:虎彩印艺股份有限公司
开本:890 mm×1 240 mm　1/32
印张:3.75
字数:120 千字　　　　　　　　　印数 1—1 000
版次:2019 年 7 月第 1 版　　　　　印次:2019 年 7 月第 1 次印刷

定价:35.00 元

前　言

干旱作为全球范围内最为普遍的自然现象之一,其影响的广泛性、成因的复杂性以及较低的可控性一直受到业内研究人员与生产管理部门的重视。旱灾不仅给农业造成损失,严重的还影响到工业生产、城市供水和生态环境。所以,对土壤旱情全面、准确、及时地监测尤为重要。传统干旱监测具有人力物力消耗大、采样点数据稀疏、采样速度慢等缺点,难以保证旱情监测的时效性。因此,遥感旱情监测技术应运而生。目前,遥感技术由于其具有监测面积广、时效性强等特点,已经逐渐成为干旱监测的手段。

本书以辽西北典型半干旱区彰武县的旱情遥感监测为对象,从该地区旱情特点、遥感旱情监测指标、遥感旱情监测模型及应用等几个方面进行论述。详细地比较了多种遥感监测模型在该地区进行旱情监测的适用性和精准度,通过实测数据与遥感影像的拟合计算,构建了符合当地旱情监测的经验模型。经验证,模型具有较高的准确度,可以快速、及时、全面地反馈当地土壤墒情,进一步丰富了现有的旱情监测模型体系,为其他地区的旱情监测提供参考,为实现更大范围的干旱监测打下坚实的基础。

本书得到了辽宁省科技厅辽宁省科学事业公益研究基金"基于MODIS数据玉米覆盖下土壤水分监测研究"(2011005002)和农业部公益性行业(农业)科研专项经费项目"北方主要作物抗旱节水综合技术研究与区域示范"(200903007)子课题的支持。辽宁省水文局阜新彰武旱情实验站为相关实验提供了良好的平台。参加本书研究、编写工作的还有李春红、王健美、吴淑静、张婷婷、高振东、王玉成、杨舒婷等,在此表示感谢!

作　者

2019 年 6 月

目　录

第 1 章　绪　论

1.1　干旱概述

1.1.1　干旱的定义

干旱是一个复杂的自然现象,它与许多因素有关,如降水、蒸发、气温、土壤底墒、灌溉条件、种植结构、作物生育期的抗旱能力及工业和城乡用水等。目前,社会上比较公认的干旱定义是:因水分的收与支或供与求不平衡而形成的持续的水分短缺现象。这种水分的短缺可以表现为:由自然蒸发大于自然降水量引起的水分不足现象为气象干旱;土壤水分缺乏影响农作物正常生长的现象为农业干旱;江河湖泊水位偏低,径流异常偏小的现象为水文干旱等。

干旱在气象学上有两种含义,分别为干旱气候与干旱灾害。干旱气候是指最大可能蒸散量比降水量大得多的一种气候,是用 H. L. 彭曼公式计算的最大可能蒸散量与年降水量的比值大于或等于 3.50 的地区。我国内蒙古西部、宁夏、甘肃等地均为干旱气候区。干旱灾害是指某一具体的年、季和月的降水量比常年平均降水量显著偏少,导致经济活动(尤其是农业生产)和人类生活受到较大危害的现象。干旱灾害在干旱、半干旱气候区和湿润、半湿润气候区都有可能发生,尤其在干旱、半干旱气候区,由于降水量的年际变化比较大,降水量显著偏少的年份较多,干旱灾害发生频率高。

1.1.2　干旱的分类

不同学科着眼点不同,对干旱的理解也有所不同。本书采用美国气象学会在总结各种干旱定义的基础上提出的干旱分类:气象干旱、农业干旱、水文干旱和社会经济干旱。

1.1.2.1　气象干旱

气象干旱是指某时段由于蒸发量和降水量的收支不平衡,水分支出大于水分收入而造成的水分短缺现象。降水量不足和高温、地面风速等影响加剧地面水分蒸发是水分短缺的主要原因。

1.1.2.2　农业干旱

农业干旱是指长时期降水偏少(无雨或少雨),造成空气干燥,土壤缺水,使农作物体内水分平衡遭到破坏,影响正常生长发育而造成损害的现象。农业干旱除受降水量、降水性质、气温、光照和风速等气象因素影响外,还与土壤性质、种植制度、作物种类、生育期等有关。

1.1.2.3　水文干旱

水文干旱是由降水和地表水或地下水收支不平衡造成的异常水分短缺现象。由于地表径流是大气降水与下垫面调蓄的结果,所以通常利用某段时间内径流量、河流平均日流量、水位等小于一定数值作为干旱指标或采用地表径流与其他因子组合成多因子指标,如水文干湿指数、作物水分供需指数、最大供需比指数、水资源总量短缺指数等来分析干旱。

1.1.2.4　社会经济干旱

社会经济干旱是指自然系统与人类社会经济系统中水资源供需不平衡造成的异常水分短缺现象。社会对水的需求主要有工业需水量、农业需水量和生活与服务行业需水量。如果供不应求,则会发生社会经济干旱。

1.1.3　干旱的成因

降水量少于蒸发量是形成干旱的直接原因。全球变暖,极端天气频繁出现,大气环流异常,降水空间分布不均,蒸发加剧,是形成干旱的根本原因。地理位置的影响也使得一些区域更容易形成干旱。受地貌与地理位置的影响,一些地区上空的大气环流受到影响,冷暖空气交流受阻,造成降水量减少,蒸发量大,使得一些区域成为干旱或半干旱地区。人类活动也会导致干旱发生,如人口增长及超载使用,造成了大量的水资源浪费、水体污染,使得有限的水资源日渐短缺;森林植被遭到人类破坏,植物蓄水作用丧失,加之过多开采地下水,使得地下水与土壤水减少;人类生产生活对自然环境的改变,使得地区生物量、下垫面等外在条件逐步发生改变,间接影响气候,进而改变气候的年际变化,从而容易产生干旱。

1.1.4 干旱的危害

干旱灾害是世界上危害最大的自然灾害类型之一,其出现次数、影响范围、造成的损失均居各种自然灾害之首。全球每年因干旱灾害造成的经济损失高达 60 亿 ~ 80 亿美元,远高于其他气象灾害,被称为"全球第一气象灾害"。在全球气候变暖的背景下,高温、特大干旱等极端气候事件发生的频率越来越高,影响范围越来越大,破坏程度越来越强。干旱对农、林、牧等产业及城市的影响越来越大。

1.1.4.1 干旱对农业的影响

水在植物的生命中有着十分重要的生理作用,干旱危害作物是因为植物体的水分平衡遭到破坏。土壤缺水,植物根系吸收的水分减少,叶片蒸腾的水分较多,就会造成干旱危害。长期干旱容易导致农作物枯死,无法实现生产。

干旱是对我国农业危害最大的自然灾害。1980 ~ 2008 年全国农作物因旱受灾面积、成灾面积分别累计超过 7 亿 hm^2 和 3 亿 hm^2,各占全国因旱受灾、成灾面积的 53%,见表 1-1。

1.1.4.2 干旱对畜牧业的影响

干旱对畜牧业的影响主要表现为因旱牧草无法正常生长,牲畜得不到足够饲草而不能正常发育。据分析,凡是发生春旱的年份,牧草返青期比正常年推迟 10 ~ 15 d,重旱年份可能推迟 20 ~ 30 d。夏季是牧草产量形成的关键时期,如果发生连续干旱,将加快草场退化和草原土壤沙化的进程。冬春少雪,夏季干旱,将使地下水位下降,湖泊水面缩小,牲畜饮水困难。干旱不仅危害牲畜的存活率,同时影响畜产品的产量。

表 1-1　1980～2008 年全国干旱受（成）灾面积占全国农作物

自然灾害受（成）灾总面积比例

时段	总受灾面积（亿 hm²）	总成灾面积（亿 hm²）	因旱受灾面积（亿 hm²）	因旱成灾面积（亿 hm²）	因旱受灾面积占总受灾面积比例（%）	因旱成灾面积占总成灾面积比例（%）
1980～1989 年	4.21	2.12	2.41	1.19	57	56
1990～1999 年	4.96	2.52	2.49	1.19	50	47
2000～2008 年	4.14	2.34	2.21	1.31	53	56
总计	13.31	6.98	7.11	3.69	53	53

1.1.4.3　干旱对林业的影响

长期干旱会影响林木的正常生长,降低森林生产率。据观测,一定范围内,落叶松的生长随降雨量的增加而增快,红松常常在降雨以后出现生长高峰。干旱还会增加森林火灾的发生概率,因为长期干旱使得空气干燥,可燃物含水量低,较易引燃,造成大面积森林烧毁,损失严重。

1.1.4.4　干旱对城市的影响

城市的发展离不开工业、农业和第三产业。因旱缺水的城市都会限制高耗水工业的发展,无法满足条件的工业项目往往停止运营。同时,用水量的限制会使得工厂的正常生产受到影响,降低其市场竞争力。这些都会对城市的发展产生负面影响。虽然水资源短缺对第三产业的影响轻于农业,但对其危害仍不可忽视。河湖等水体水面积的减少和灌溉不足引起的绿地质量下降,都严重影响了城市的景观价值,从而影响城市旅游业及其他高耗水服务业的发展。

1.2 干旱情况

1.2.1 中国干旱情况

气象干旱是降水与蒸发不平衡而形成的持续水分短缺现象,主要表现为降水量不足。我国位于亚欧大陆东部,太平洋西岸,海陆热力差异使我国形成了夏季降雨丰沛、冬季寒冷干燥的东亚季风气候。年际之间季风的不稳定性是造成我国干旱频繁发生的主要原因之一。

根据《2016中国水旱灾害公报》,2016年,全国27个省(自治区、直辖市)发生干旱灾害,作物受旱面积2 019.047万 hm²;因旱受灾面积987.876万 hm²,其中成灾613.085万 hm²、绝收101.820万 hm²;469.25万人、649.73万头大牲畜因旱发生饮水困难。因旱粮食损失190.64亿 hm²、经济作物损失13.60亿元;直接经济损失484.15亿元,占当年GDP的0.07%。全国和各省(自治区、直辖市)作物因旱受灾面积、成灾面积、绝收面积和农村因旱饮水困难情况见表1-2、表1-3。其中,黑龙江省因旱作物受灾面积占全国的30%。2016年黑龙江省年平均降水量460 mm,较常年偏少3%,汛期降雨量328 mm,较常年同期偏少12%,7月下旬至9月初,齐齐哈尔、大庆、绥化、哈尔滨、黑河、农垦总局等地部分地区持续高温少雨,出现严重旱情。中国幅员辽阔,各地区受地形、气候影响,灾害分布差异较大。

表1-2 2016年全国作物因旱受灾面积、成灾面积、绝收面积情况统计

(单位:万 hm²)

地区	作物受灾面积	作物成灾面积	作物绝收面积	地区	作物受灾面积	作物成灾面积	作物绝收面积
全国	987.876	613.085	101.820	河南	17.330	7.370	1.890
北京				湖北	34.193	15.790	3.900
天津				湖南	1.161	0.477	0.040

续表 1-2

地区	作物受灾面积	作物成灾面积	作物绝收面积	地区	作物受灾面积	作物成灾面积	作物绝收面积
河北	21.673	2.080	0.067	广东			
山西	7.701	4.358	0.440	广西	3.460	2.020	0.120
内蒙古	277.050	195.790	48.938	海南	1.552	0.441	0.126
辽宁	40.100	4.859	0.527	重庆	4.720	3.000	0.550
吉林	52.427	33.694	5.232	四川	11.300	6.760	1.500
黑龙江	295.500	216.620	17.233	贵州	0.660	0.330	0.080
上海				云南	4.770	1.523	0.187
江苏	13.433	1.013		西藏	0.076	0.004	0.002
浙江				陕西	24.007	11.056	2.249
安徽	17.950	12.740	1.759	甘肃	99.820	59.450	9.990
福建				青海	3.833	2.770	
江西	3.530	3.020	0.650	宁夏	27.920	17.460	4.690
山东	21.160	8.530	1.530	西藏	1.950	1.930	0.120

表 1-3　农村因旱饮水困难情况统计

地区	因旱饮水困难人数（万人）	因旱饮水困难大牲畜（万头）	地区	因旱饮水困难人数（万人）	因旱饮水困难大牲畜（万头）
全国	469.25	649.73	河南	2.15	0.55
北京			湖北	70.07	21.37
天津	20.00		湖南	1.50	
河北	11.55	3.34	广东		
山西	11.27	5.49	广西	6.85	2.16
内蒙古	61.24	457.38	海南	9.62	2.58

续表 1-3

地区	因旱饮水困难人数(万人)	因旱饮水困难大牲畜(万头)	地区	因旱饮水困难人数(万人)	因旱饮水困难大牲畜(万头)
辽宁	7.29	1.73	重庆	15.89	10.01
吉林	2.80	0.80	四川	54.73	36.96
黑龙江	3.20	2.07	贵州	20.16	3.40
上海			云南	24.08	9.35
江苏		0.26	西藏	0.17	0.02
浙江	5.31	0.88	陕西	17.75	3.40
安徽	20.98	2.78	甘肃	57.49	25.92
福建			青海	3.08	18.60
江西	15.20	6.86	宁夏	14.24	23.54
山东	12.13	6.16	西藏	0.50	4.12

1.2.2　辽西地区干旱情况

辽宁省位于我国东北部地区,地形复杂多变,东部以山区为主,西北部为丘陵,中部为平原。辽西地区(119.70 ~ 122.53°E,40.35 ~ 42.24°N)位于辽宁省西部,包括阜新、朝阳、葫芦岛和锦州市(见图 1-1)。

辽西地区的气候从东南向西北由温带半湿润向半干旱过渡,具有雨热同期、日照丰富、降水较少的特点,气象干旱发生概率较高。据史料记载,近 60 年中,辽西地区干旱出现的次数多达 32 次,平均不到 2 年就会产生一次旱灾,大旱以上有 16 次。2009 年受持续高温影响,辽西旱情持续较长时间,发生了 1951 年以来最严重的夏旱,造成大面积粮食减产或绝收,农村居民饮水困难。2014 年发生春、夏、秋三季连旱,给该地区的农业生产及人民生活带来了严重影响。近些年来多方

图 1-1　辽宁省行政图

投入全力抗旱,但干旱仍是制约辽西地区农作物产量的主要因素。

　　辽西地区旱灾影响范围大,持续时间长,给人民生活与农业生产带来巨大危害。遥感技术具有感测范围大、更新周期短、获取信息快等特点,利用遥感技术进行辽西北地区干旱监测,对加强预警并及时做出应对措施缓解旱灾具有重要意义。

1.3　遥感技术与旱情监测

1.3.1　干旱遥感监测研究背景

　　最早的干旱监测研究主要集中在与人类生活密切相关的农业生产方面。传统的农业干旱监测,是根据土壤水分的含量与作物适宜含水量相比较得到的土壤墒情特征指标来判断的。这种干旱监测方法采样速度较慢、范围有限,需花费大量的人力、物力,而且考虑到土壤水分的空间分布不均匀,要以较少的采样点代表较大范围的土壤水分分布状况有很大的不确定性,难以满足实时、大范围监测的需要。

遥感技术凭借其观测周期短、获取空间信息范围大、实时性强等优点迅速成为目前最有效的对地观测技术和信息获取手段。早在20世纪60年代,就有了土壤水分遥感监测的开创性试验研究。这一阶段的研究主要涉及可见光及热红外波段,侧重于反射率、亮度和温度对土壤湿度变化的响应,为土壤水分遥感监测研究奠定了理论基础。20世纪80年代之后,随着LANDSAT、TERRA、AQUA等卫星的发射成功,极大地推动了遥感技术在干旱监测方面的应用。国内外学者针对不同数据、不同区域、不同作物,对多种植被覆盖情况下的干旱监测进行了研究,在干旱监测的理论和应用方面,都有了很大的进展。

1.3.2 国内外干旱监测研究进展

1.3.2.1 国外遥感干旱监测研究进展

国外利用遥感方法进行土壤含水量监测的研究开始于20世纪60年代。当时就有学者通过计算土壤热惯量来反演地表的干旱情况,土壤热惯量是利用遥感数据的反射率和热红外辐射温差来计算的,由于表观热惯量可以反映实际热惯量的情况,所以采用此种方法估算土壤含水量十分简便。之后又有学者提出了不同的反演土壤含水量的方法,比如缺水指数法(CWSI)、植被供水指数法、温度植被指数法(TVX)等。这些方法的提出为之后反演土壤含水量模型的建立奠定了一定的基础。

20世纪90年代开始,国外对于土壤含水量的研究取得了较大的进展。在进行干旱监测研究时将农田表面分为植被和土壤两个不同的类别,分别考虑了能量和温度的差值,从而得到了农田蒸散的双层模型。在研究的同时引入了植被覆盖度的概念,使用温度植被指数的变化坡度来表征干旱情况,这一指数可以将植被冠层蒸发情况与地表土壤层水分供应之间的关系很好地表达出来。

步入21世纪,国外对于遥感干旱反演的研究多集中于以地表温度和植被指数为参数的模型建立方面。有学者在研究中发现植被指数和地表温度的二维空间呈现出三角形的状态,以此种规律为基础得到温度植被干旱指数(TVDI),而温度植被干旱指数对长时间的干旱情况监测具有滞后性,所以在此基础上学者又提出了将气象干旱指数和归一化植被指数相结合的综合性指数,为地表干旱监测提出了更加准确的评价指标。

1.3.2.2　国内遥感干旱监测研究进展

与国外相比,我国利用遥感技术反演土壤水分的研究起步较晚。从20世纪70年代开始,随着地面和航空平台的不断增多,学者将得到的可见光波段、近红外波段等波谱信息进行综合研究,获得了适用于土壤水分监测的模型。从此,土壤水分遥感反演理论和技术开始不断加强。80年代中期,学者对不同土壤含水量的微波反射情况进行了观测和研究,围绕着波段反射与土壤含水量的关系建立研究试验,并提出了两者之间的相关情况。

20世纪90年代后,我国对于遥感监测土壤水分的研究不断加深,渐渐地将理论应用到实际之中,涌现出大量的反演模型和方法:将地表显热通量、潜热通量与热惯量反演模型进行结合,建立了表观热惯量模型,此种模型的计算精度较高,适用于植被覆盖度不高的地区;将热惯量方法与气象站的实测数据相结合,以此为基础估算研究区域的土壤墒情,建立了干旱指数模型;利用美国的MODIS卫星的短波红外波段数据,组建了基于MODIS短波红外数据的二维特征空间,提出了简便的土壤水分指数方法;有的学者利用GIS手段,对作物缺水指数计算所需的气象数据进行了空间插值,并结合卫星遥感数据对研究区干旱情况进行了监测,使旱情监测由点扩展到了面。学者们应用不同模型、不同方法对不同区域的干旱情况进行了大量的反演,为之后干旱遥感监测的应用提供了重要的依据。

步入21世纪后,对于土壤含水量的研究进入了较为系统的阶段,各种监测方法也得到了进一步完善。

1. 热惯量方法和作物缺水指数法

21世纪初期,就有学者通过计算研究区的真实热惯量和表观热惯量,建立土壤水分关系模型反演干旱情况,监测精度可达80%以上,但是研究中没有考虑植被覆盖情况,因此需要继续研究植被覆盖度对地表温度的影响,进而提高反演精度。之后更多的研究表明热惯量方法主要适用于作物生长初期和没有作物覆盖的裸露地表的土壤水分监测,而至于覆盖度达到什么标准精度较高却很少提及。随后,有学者提出一种改进的热惯量计算模型,通过试验以 *NDVI* 值作为指标,确定当 *NDVI* 值大于 0.35 时热惯量模型失效,并以 MODIS 数据为遥感数据源对该模型进行应用,反演结果与实际情况的匹配程度较好。由于热惯量模型在植被覆盖度较高时适用性不强,之后又有学者提出了扩展热惯量模型,该模型将植被指数考虑其中,使利用热惯量方法对植被覆盖度高的地区的遥感干旱监测成为可能。

2. 作物缺水指数法

作物缺水指数法是近几年研究出来的方法。有的学者将 GIS 与作物缺水指数模型相结合,运用多种差值方法估算蒸散发量,得到研究区旱情分布图与实际情况一致的结果。之后作物缺水指数法的计算过程越来越简化,这样不仅降低了计算量,而且结果也更接近实际情况,实现了监测的准确性。

3. 温度与植被结合的监测方法

2001 年,就有学者将归一化植被指数与地表温度结合起来进行研究,利用二者构建了特征空间。由于土壤含水量与地表的状况密切相关,而地表的状况又十分复杂,模型的反演精度并不理想。在条件温度指数、条件植被指数等单一的指数不能满足监测要求时,需要在研究中既考虑归一化植被指数的变化,又要考虑在归一化植被指数相同的条件下地表温度的变化,这样才可以较好地反演地区的相对干旱程度。有学者在植被指数和地表温度构成的特征空间中确定冷边和热边,用降水量数据对边界进行验证,证明了条件温度植被指数方法是一种较好的干旱监测方法,并进行了基于加权马尔可夫模型的条件植被温度指数的预测研究,进一步缩小了土壤含水量的反演误差。

4. 光谱二维特征空间法

光谱二维特征空间法是构建各种干旱指数的基础。将 ETM + 的近红外数据与热红外数据经过大气校正后建立二维特征空间,提取土壤线,建立了垂直干旱指数(PDI),由于这一指数中没有考虑地区植被覆盖的情况,之后将植被覆盖度和归一化植被指数与其相结合得到了改进的垂直干旱指数(MPDI)和归一化垂直干旱指数(NPDI);对叶面积指数和地表温度建立二维特征空间,可以得到温度叶面积干旱指数,这一指数可以改善作物生长茂盛时温度植被指数对饱和农田土壤含水量的监测精度;利用滤波方法对归一化植被指数和温度建立二维特征空间,可得到温度植被干旱指数,该指数能填补缺失的数据,完成旱情的高速监测。

5. 环境卫星数据为数据源的研究

2008年9月6日,我国的环境卫星成功发射,此卫星可以实现对自然灾害、生态破坏、环境污染等情况进行大范围、全天候、全天时的动态监测。环境卫星发射之后,就有学者利用环境卫星遥感数据,根据遥感干旱监测模型,建立了基于环境减灾卫星宽覆盖多光谱CCD相机数据的垂直干旱指数监测模型,发现利用环境减灾卫星遥感数据可以有效地实现干旱遥感监测,但此时的应用还比较单一。之后有学者将MODIS数据和环境卫星数据CCD相机获取的可见光波进行结合,获得了适用于研究区的干旱监测模型和方法,研究发现环境卫星数据对于干旱监测具有很好的适用性。有的学者结合同步环境减灾卫星IRS数据计算地表温度信息,通过构建NDVI–LST空间,获取了温度植被干旱指数(TDVI),与同步观测的AMSE–R表层土壤含水量进行对比分析,发现环境卫星对于土壤含水量的监测可以达到长时间的监测要求。有的学者以环境卫星数据为数据源,利用植被供水指数法对研究区干旱情况进行了监测,监测情况与实际情况相符,由此可以看出环境卫星数据作为干旱监测的数据源具有一定的可靠性。

1.3.3　地面监测方法与遥感监测方法的比较

用于干旱监测的方法大致分为两种,一种是利用地面监测站网,对地面的土壤湿度进行监测记录;另一种是利用卫星或航拍遥感图进行反演,结合相应模型获取土壤含水量。

常规地面监测土壤水分含量的测量方法有称重烘干法、中子法、时域反射法(TDR)、电阻法、核磁共振法、电容法、土壤张力法、频域反射法(FDR)等,这些传统的方法虽然可以测定不同土壤深度的土壤含水量,精度也相对较高,但在测量过程中需要花费大量的人力和物力,布设站点费用较高,而且采样点有一定的局限性,只能获取稀疏测量点的土壤含水量数据,这些点的位置分布对测量的精度也有很大的影响,采样速度慢,数据也很难保证时效性,很难实现大范围的监测。常规地面监测方法的优点主要是单点测量准确、受天气状况影响较小。

基于卫星遥感技术的干旱监测方法首先需分析引发干旱的各种自然现象或干旱导致的地表各种地物的反应,进而理解与掌握这些现象与反应在遥感数据光谱、几何、纹理等方面的特征,利用这些特征构造针对干旱监测、预警的指标来识别干旱现象。相比传统地面观测手段,遥感监测方法具有不可比拟的潜在优势:自20世纪70年代开始,国内外相继发射了很多针对地球探测的卫星器,采集了大量的对地遥感数据,数据获取方便;卫星搭载的相机空间分辨率较高,所获取的数据信息准确客观、精度高、反演效果好;卫星的传感器时间分辨率较高,卫星的飞行路线受天气状况、地理位置和续航能力的影响很小,能够实现大范围、全覆盖的实时监测。

因此,相对于常规地面监测的方法,遥感监测方法具有观测面积大、采集速度快、获取信息量多、信息准确客观等特点。卫星遥感技术已成为现阶段土壤水分监测的一种有效方法,可以为及早了解干旱分布等级、及时采取有效的防旱和抗旱措施提供可行性依据。

1.3.4 干旱遥感监测卫星数据的特点

遥感数据是利用各种静止卫星、极轨卫星通过对陆地表面进行大范围、多时次的扫描获得的,这些海量、准确、稳定的数据源为快速准确的监测干旱情况与预警工作提供了可靠的保障。

旱情监测遥感数据源的选择主要根据实用、经济和需求精度等因素而定。国内外应用最广的是NOAA卫星(见图1-2、图1-3),目前在轨的有3颗,空间分辨率大概在1 km,地面重复观测周期为0.5 d。该数据具有周期短、时间序列长、覆盖范围广、时效性强、数据量小、后处理方便以及成本低等优点,缺点是空间分辨率与波谱分辨率低,而且受云层覆盖的影响较大。NOAA卫星数据资料见表1-4。

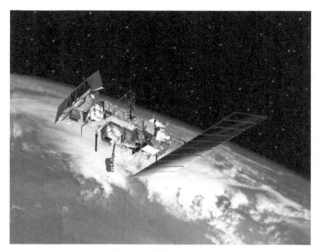

图 1-2　NOAA 卫星

图 1-3　NOAA 彩色卫星云图

表 1-4　NOAA 数据资料

卫星参数	发射时间 （年-月-日）	正式运行时间 （年-月-日）	轨道高度 （km）	轨道倾角 （°）	轨道周期 （min）
NOAA – 11 卫星	1988-09-24	1988-11-08	841	98.9	101.8
NOAA – 12 卫星	1991-05-14	1991-09-17	804	98.6	101.1
NOAA – 14 卫星	1994-12-30	1995-04-10	845	99.1	101.9
NOAA – 15 卫星	1998-05-13	1998-12-15	808	98.6	101.2
NOAA – 16 卫星	2000-09-12	2001-03-20	850	98.9	102.1
NOAA – 17 卫星	2002-06-24	2002-10-15	811	98.7	101.2
NOAA – 18 卫星	2005-05-11	2005-06-26	854	99.0	102.0

　　EOS 是美国新一代地球观测卫星（见图 1-4），扫描宽度达 2 300 km,已投入业务运行的 Terra 和 Aqua 两颗卫星分别于 1999 年底和

图 1-4　EOS 卫星

2002 年中发射。星上所搭载的中等分辨率成像光谱仪(MODIS)是其最有特色的仪器之一,其免费接收的数据获取政策更使人们能够容易地获取数据资料,MODIS 数据的空间分辨率为 250 ~ 1 000 m,时间分辨率为 0.5 d,有 36 个光谱通道。MODIS 影像图见图 1-5,MODIS 数据资料见表 1-5。

图 1-5　MODIS 影像图

表 1-5　MODIS 数据资料

通道	光谱范围 1 ~ 19 nm 通道, 20 ~ 36 μm 通道	信噪比 (NEΔt)	主要用途	分辨率 (m)
1	620 ~ 670	128	陆地、云边界	250
2	841 ~ 876	201		250
3	459 ~ 479	243	陆地、云特性	500
4	545 ~ 565	228		500
5	1 230 ~ 1 250	74		500
6	1 628 ~ 1 652	275		500
7	2 105 ~ 2 135	110		500

续表 1-5

通道	光谱范围 1~19 nm 通道，20~36 μm 通道	信噪比 (NEΔt)	主要用途	分辨率 (m)
8	405~420	880	海洋水色、浮游植物、生物地理、化学	1 000
9	438~448	838		1 000
10	483~493	802		1 000
11	526~536	754		1 000
12	546~556	750		1 000
13	662~672	910		1 000
14	673~683	1 087		1 000
15	743~753	586		1 000
16	862~877	516		1 000
17	890~920	167	大气水汽	1 000
18	931~941	57		1 000
19	915~965	250		1 000
20	3.660~3.840	0.05	地球表面和云顶温度	1 000
21	3.929~3.989	2		1 000
22	3.929~3.989	0.07		1 000
23	4.020~4.080	0.07		1 000
24	4.433~4.498	0.25	大气温度	1 000
25	4.482~4.549	0.25		1 000
26	1.360~1.390	150	卷云、水汽	1 000
27	6.535~6.895	0.25		1 000
28	7.175~7.475	0.25		1 000
29	8.400~8.700	0.05		1 000

续表 1-5

通道	光谱范围 1～19 nm 通道，20～36 μm 通道	信噪比 ($NE\Delta t$)	主要用途	分辨率 （m）
30	9.580～9.880	0.25		1 000
31	10.780～11.280	0.05	臭氧	1 000
32	11.770～12.270	0.05	地球表面和云顶温度	1 000
33	13.185～13.485	0.25		1 000
34	13.485～13.785	0.25		1 000
35	13.785～14.085	0.25	云顶高度	1 000
36	14.085～14.385	0.35		1 000

　　环境系列卫星(见图1-6)是中国专门用于环境和灾害监测的对地观测卫星系统。该系统由 2 颗光学卫星(HJ-1A 卫星和 HJ-1B 卫星)和 1 颗雷达卫星(HJ-1C 卫星)组成,拥有光学、红外、超光谱等不同探测方法,有大范围、全天候、全天时、动态的环境和灾害监测能力。环境系列卫星资料见表1-6。

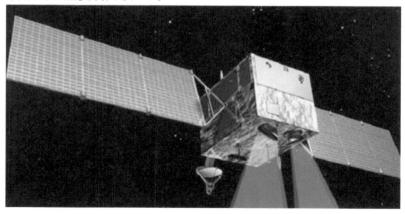

图 1-6　环境系列卫星

表 1-6　环境系列卫星资料

平台	有效荷载	波段	光谱范围(μm)	分辨率(m)
HJ－1A 卫星	CCD 相机	1	0.43～0.52	30
		2	0.52～0.60	30
		3	0.63～0.69	30
		4	0.76～0.90	30
	高光谱成像仪	—	0.45～0.95	100
HJ－1B 卫星	CCD 相机	1	0.43～0.52	30
		2	0.52～0.60	30
		3	0.63～0.69	30
		4	0.76～0.90	30
	高光谱成像仪	5	0.75～1.01	150
		6	1.55～1.75	150
		7	3.5～3.9	150
		8	10.5～12.5	300

　　LANDSAT 卫星是美国国家航天宇航局(NASA)发射的陆地卫星,从 1972 年 7 月 23 日以来,已发射 8 颗(第 6 颗发射失败)。目前 LANDSAT 1～4 卫星均相继失效,LANDSAT－5 卫星于 2013 年 6 月退役,LANDSAT－7 卫星于 1999 年 4 月 15 日发射升空,LANDSAT－8 卫星于 2013 年 2 月 11 日发射升空。LANDSAT 卫星数据获取简便,分辨率较高,在干旱遥感监测中应用比较广泛。LANDSAT 卫星系列及其影像图见图 1-7～图 1-13。LANDSAT 卫星数据资料见表 1-7。

图 1-7　　LANDSAT – 1 ~ 3 卫星

图 1-8　　LANDSAT – 4 卫星

图 1-9　LANDSAT – 5 卫星

图 1-10　LANDSAT – 7 卫星

图 1-11　LANDSAT – 8 卫星

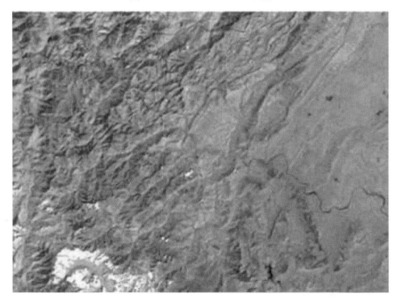

图 1-12　LANDSAT TM 卫星影像图

　　光学遥感的图像覆盖范围相对较广,价格也较低,但是容易受到天气影响。微波遥感具有全天时和全天候的工作特征,但图像价格较高。

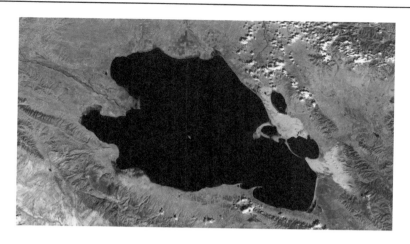

图 1-13   LANDSAT OLI 卫星影像图

此外,传感器的重访周期对农业旱灾的遥感监测应用也十分重要,较长的重访周期在一定程度上影响了农业旱灾监测中遥感数据源的选择。AVHRR 和 MODIS 是当前最适合农业旱灾遥感监测的卫星传感器,因为这两种卫星每天可以至少获得研究区上空的 2 次图像。在确定了研究区范围的情况下,对于小范围的干旱监测应选择高分辨率的雷达数据、TM 影像数据。而对于全国大范围的干旱监测,则考虑中分辨率的 MODIS 数据或低分辨率的 NOAA、AVHRR 数据。

1.3.5   干旱遥感监测的发展方向

目前,利用遥感技术进行干旱监测,主要是利用可见光等来建立指数模型,而以微波建立的模型相对较少,这是由于雷达微波在有植被覆盖的地表,会受到植被叶片的影响,无法准确地探测土壤中的水分,反之对于裸露地表中的土壤水分比较敏感,且低分辨率的微波数据能更好地用于水分的监测。未来的干旱研究可以利用微波的这一优势,将其与可见光结合起来,建立干旱指数模型,将高分辨率和低分辨率数据融合,此种结合是未来进行干旱遥感监测的可行方法。

表 1-7 LANDSAT 卫星数据资料

卫星参数	发射时间 (年-月-日)	卫星高度 (km)	半主轴 (km)	倾角 (°)	经过赤道 的时间 (时:分)	覆盖 周期 (d)	扫幅 宽度 (km)	波段数 (个)	机载 传感机	运行情况
LANDSAT1	1972-07-23	920	7 285.438	99.125	08:50	18	185	4	MSS	1978 年退役
LANDSAT2	1975-01-22	920	7 285.989	99.125	09:03	18	185	4	MSS	1976 年失灵, 1980 年修复, 1982 年退役
LANDSAT3	1978-03-05	920	7 285.776	99.125	06:31	18	185	4	MSS	1983 年退役
LANDSAT4	1982-07-16	705	7 083.465	98.22	09:45	16	185	7	MSS,TM	2001 年 6 月 15 日 TM 传感 器失效,退役
LANDSAT5	1984-03-01	705	7 285.438	98.22	09:30	16	185	7	MSS,TM	2013 年 6 月退役
LANDSAT6	1993-10-05	发射失败	7 285.438	98.22	10:00	16	185	8	ETM +	发射失败
LANDSAT7	1999-04-15	705		98.22	10:00	16	185 × 170	8	ETM +	正常运行至今 (有条带)
LANDSAT8	2013-02-11	705		98.22 (轻微 右倾)	10:00 ± 15 min	16	170 × 180	11	OLI, TIRS	正常运行至今

当前对干旱灾害的研究主要基于单一化的气象数据、农业统计数据或者遥感数据,很少有学者将气象数据与遥感数据结合起来建立一个综合的干旱监测模型。常规的气象干旱监测模型与遥感干旱监测模型各有优缺点,二者可以进行互补。因此,将气象干旱监测模型与遥感干旱监测模型结合起来,是干旱监测领域中一个可行的研究方向。

1.4　旱情干旱指标

干旱是全球最为常见的自然灾害之一,其发生、发展是一种缓慢、连续、复杂的过程,灾前无明显的征兆,有时甚至直到灾害形成,人们还未意识到干旱已经构成了危害,目前干旱已经对我国的农业生产造成了严重影响。由于干旱自身的复杂特性和对社会影响的广泛性,干旱指标都是建立在特定的地域和时间范围内的,有其相应的时空尺度。一般而言,合理的干旱指标都应该能够精确地描述干旱的强度、范围和起止时间,明确的物理机制,充分考虑降水、蒸发散、径流、渗透以及土壤特性等因素对水分状况的影响。为了更好地对作物的干旱影响进行预测,我们综述国内外广泛应用的各类干旱指标,其中包括气象指标、农业干旱指标、土壤墒情指标、作物生理生态指标等。根据这些监测指标我们可以及时采取应对措施,减缓和预防干旱对作物生产造成的不良影响,降低损失,为制订科学的政策提供依据。

1.4.1　气象指标

气象干旱是指长时间(或农业生产的关键期)降水偏少而产生灾害的一种现象,是土壤—植物—大气连续系统(SPACS)中水分循环、水分再分配和水分平衡的共同结果。气象干旱主要考虑根据降水量、降水指数、降水距平百分率等要素来建立干旱指标。进而,气象学认为,干旱是一种长期干燥少雨且稳定的气候现象,实际上是由于缺乏足够的降水引起的,是气候水热不平衡的表现。而降水指标是气象干旱指标中最常见的指标,主要有降水量值指标、降水距平指标和标准差指标。由于自然降水是农田水分的主要来源,是造成作物水分胁迫的主要原因。所以,降水常被用于描述干旱。

1.4.1.1 降水量指标

降水量指标是一种以某地某时段的降水量确定的,旱涝标准的定量指标主要用于地下水位较深且无灌溉条件的雨养农业区。该指标形式多种多样,但大多数指标都是与该时期多年平均降水量进行对比获得的。

1.4.1.2 降水量距平百分率(P_a)

降水量距平百分率指某时期降水量与同期多年平均降水量的距平百分率,反映了该时期降水量相对于同期平均状态的偏离程度,是一个具有时空对比性的相对指标。

$$P_a = \frac{P - \overline{P}}{\overline{P}} \times 100\% \qquad (1\text{-}1)$$

式中:P 为某时段降水量;$\overline{P}$ 为多年平均同期降水量,本标准中取 1971 ~ 2000 年 30 年气候平均值。

$$\overline{P} = \frac{1}{n} \sum_{i=1}^{n} P_i \qquad (1\text{-}2)$$

式中:P_i 为时段 i 的降水量;n 为样本数,$n = 30$。

1.4.1.3 标准差指标

假定年降水量服从正态分布,用降水量的标准差划分旱涝等级。计算公式为

$$K = \frac{R_i - \overline{R}}{\sigma} \qquad (1\text{-}3)$$

式中:R_i 为年降水量;$\overline{R}$ 为多年平均年降水量;σ 为降水量的均方差。

其中 $2.0 < K$、$1.0 < K < 2.0$、$-1.0 < K < 1.0$、$-2.0 < K < -1.0$、$K < -2.0$ 分别为大涝、涝、正常、旱、大旱。该指标虽然简单易行,但以年降水量作为参数时,无法反映季节变化,只能反映年际趋势。

1.4.1.4 标准化降水指数(SPI 或 Z)

标准化降水指数(简称 SPI)是先求出降水量 Γ 分布概率,然后进行正态标准化而得,其计算步骤如下

（1）假设某时段降水量为随机变量 x，则其 Γ 分布的概率密度函数为

$$f(x) = \frac{1}{\beta^{\gamma}\Gamma(\gamma)}x^{\gamma-1}e^{-x/\beta} \quad x > 0 \tag{1-4}$$

$$\Gamma(\gamma) = \int_0^{\infty} x^{\gamma-1}e^{-x}dx \tag{1-5}$$

式中：β、γ 分别为尺度和形状参数，$\beta > 0$，$\gamma > 0$，β 和 γ 可用极大似然估计方法求得

$$\hat{\gamma} = \frac{1 + \sqrt{1 + 4A/3}}{4A} \tag{1-6}$$

$$\hat{\beta} = \bar{x}/\hat{\gamma} \tag{1-7}$$

其中

$$A = \lg\bar{x} - \frac{1}{n}\sum_{i=1}^{n}\lg x_i \tag{1-8}$$

式中：x_i 为降水量资料样本；$\bar{x}$ 为降水量多年平均值。

确定概率密度函数中的参数后，对于某一年的降水量 x_0，可求出随机变量 $x < x_0$ 事件的概率为

$$P(x < x_0) = \int_0^{\infty} f(x)dx \tag{1-9}$$

利用数值积分可以计算用式（1-3）代入式（1-9）后的事件概率近似估计值。

（2）降水量为 0 时的事件概率由下式估计：

$$P(x = 0) = \frac{m}{n} \tag{1-10}$$

式中：m 为降水量为 0 的样本数；n 为总样本数。

（3）对 Γ 分布概率进行正态标准化处理，即将式（1-9）、式（1-10）求得的概率值代入标准化正态分布函数，即

$$P(x < x_0) = \frac{1}{\sqrt{2\pi}}\int_0^{\infty}e^{-Z^2/2}dx \tag{1-11}$$

对式（1-11）进行近似求解可得：

$$Z = S\frac{t - (c_2t + c_1)t + c_0}{[(d_3t + d_2)t + d_1]t + 1.0} \tag{1-12}$$

其中, $t = \sqrt{\ln \dfrac{1}{P^2}}$, P 为式(1-8)或式(1-9)求得的概率,且当 $P > 0.5$ 时, $P = 1.0 - P$, $S = 1$;当 $P \le 0.5$ 时, $S = -1$。$c_0 = 2.515\ 517$, $c_1 = 0.802\ 853$, $c_2 = 0.010\ 328$, $d_1 = 1.432\ 788$, $d_2 = 0.189\ 269$, $d_3 = 0.001\ 308$。

由式(1-12)求得的 Z 值也就是此标准化降水指数 SPI。

由于标准化降水指标就是根据降水累积频率分布来划分干旱等级的,它反映了不同时间和地区的降水气候特点。其干旱等级划分标准具有气候意义,不同时段不同地区都适宜。标准化降水指数 SPI 的干旱等级见表 1-8。

表 1-8　标准化降水指数 SPI 的干旱等级

等级	类型	SPI 值	出现频率(%)
1	无旱	$-0.5 < SPI$	68
2	轻旱	$-1.0 < SPI \le -0.5$	15
3	中旱	$-1.5 < SPI \le -1.0$	10
4	重旱	$-2.0 < SPI \le -1.5$	5
5	特旱	$SPI \le -2.0$	2

1.4.2　农业干旱指标

干旱就农业而言,是指由外界环境因素造成作物体内水分失去平衡,发生水分亏缺,影响作物正常生长发育,进而导致减产或失收的现象。其原因是由于干旱的发生与发展该测值有着极其复杂的机制,不可避免地受到各种自然的或人为因素的影响,如气象条件、水文条件、农作物布局、作物品种及生长状况、耕作制度及耕作水平都可对农业干旱的发生与发展起到重要的影响作用。而农业干旱指标的确定必然要涉及大气、降水量、作物、土壤环境等因子,即大气干旱或土壤干旱对作物旱情发生与发展的影响。但目前比较常用的有降水量指标、相对湿度指标、作物旱情指标等。

1.4.2.1　降水量指标

农业的降水指标一般是基于地下水位较深且无灌溉条件的情况。

降水指标基本能够反映农业干旱的发生程度,这与气象指标中的降水指标类似。

1.4.2.2　作物旱情指标

作物旱情指标可以分为作物形态指标和作物生理指标两大类。作物形态指标是定性地利用作物长势、长相来进行作物缺水诊断的指标;作物生理指标是包括利用叶水势、气孔导度、产量、冠层温度等建立的指标。

1. 作物缺水指数

早在 1981 年 Jackson 提出一种假设,当冠层温度可测量,地表的作物覆盖是完全时,由能量平衡原理,通过计算植物冠层温度和临近空气温度之间的差值来估算土壤水分,即作物缺水指数(CWSI),作物缺水指数从 0 变化到 1,随着指数的增加,水分的胁迫程度逐渐增加,1 时达到最大。

2. 温度条件指数

温度条件指数的侧重点主要表示作物长势与温度这一因素有着密切的内部联系。把遥感影像数据中的热红外波段与土壤含水量相结合,由于热红外波段相比于其他波段较长,我们利用此特征对地表温度反演,进行相关性研究,得出作物的长势健康与地表温度有着重要的联系。其原理是当土壤水分减少时,植被可获取的用于蒸腾的水分将会减少,叶片用于蒸腾的水分将会减少。为了减少水分不必要的流失,作物会关闭叶片气孔,减少蒸腾作用。这样导致蒸腾作用降低,地表的潜热通量相对应下降。由能量平衡原理可以得出:显热通量将会上升,而这种变化在另一方面反映的是冠层温度的波动,也就是说如果土壤含水量降低,不能满足作物的生长,那么就会导致冠层温度逐渐升高,而土壤含水量持续降低,冠层高温也就持续下去,且由地温计算的温度条件指数不会受到作物生长变化的限制,在作物的任意生长阶段都可用于监测。

1.4.2.3　相对湿润度指数(M_i)

相对湿润度指数是某时段降水量与同一时段长有植被地段的最大可能蒸发量相比的百分率,其计算公式为

$$M_i = \frac{P - E}{E} \times 100\%　\qquad (1-13)$$

式中：P 为某时段的降水量；E 为某时段的可能蒸散量，用 FAO Penman-Monteith 或 Thornthwaite 方法计算。

相对湿润度指数反映了实际降水供给的水量与最大水分需要量的平衡，故利用相对湿润度指数划分干旱等级不同地区和不同时间尺度也有较大差别。表 1-9 为适合我国半干旱、半湿润地区月尺度的干旱等级标准。

表 1-9　相对湿润度指数 M_i 的干旱等级

等级	类型	相对湿润度指数 M_i
1	无旱	$M_i > -0.50$
2	轻旱	$-0.70 < M_i \leqslant -0.50$
3	中旱	$-0.85 < M_i \leqslant -0.70$
4	重旱	$-0.95 < M_i \leqslant -0.85$
5	特旱	$M_i \leqslant -0.95$

1.4.3　土壤墒情指标

土壤墒情指土壤的湿度状况，也是反映作物对水分胁迫的最成熟的指标之一，作物生长发育的水分主要靠根系直接从土壤中获取，所以土壤含水量为作物水分的胁迫指数。

1.4.3.1　土壤质量含水量

土壤质量含水量计算公式为

$$\omega = \frac{m_w - m_d}{m_d} \times 100\%　\qquad (1-14)$$

式中：ω 为土壤质量含水量(%)；m_w 为湿土质量；m_d 为干土质量。

土壤田间持水量测定和计算方法多采用田间小区灌水法：选择 4 m²(2 m × 2 m) 的小区，除草平整后，做土埂围好；对小区进行灌水，灌水量的计算公式如下

$$Q = 2 \times \frac{(\alpha - \omega)\rho s h}{100} \qquad (1-15)$$

式中:Q 为灌水量,m^3;α 为假设所测土层中的平均田间持水量(%),一般沙土取 20%,壤土取 25%,黏土取 27%;ω 为灌水前的土壤湿度(%);ρ 为所测深度的土壤容重,一般取 1.5;s 为小区面积,m^2;h 为测定的深度,m;2 为小区需水量的保证系数。

在土壤排除重力水后,测定土壤湿度,即田间持水量。土壤排除重力水的时间因土质而异,一般沙性土需 1~2 d,壤性土需 2~3 d,黏性土需 3~4 d。在测定土壤湿度时,每天取样一次,每次取 4 个重复的平均值,当同一层次前后两次测定的土壤湿度差值小于 2.0% 时,则第 2 次的测定值即为该层的田间持水量。

1.4.3.2 土壤相对湿度

土壤相对湿度是土壤质量含水量与田间持水量的百分比。

$$R = \frac{\omega}{f_c} \times 100\% \qquad (1-16)$$

式中:ω 为土壤质量含水量(%);f_c 为田间持水量(用质量含水量表示)。

因此,可以对土壤相对湿度进行干旱等级划分,见表 1-10。

表 1-10 土壤相对湿度的干旱等级

等级	类型	20 cm 深度土壤相对湿度	对农作物影响程度
1	无旱正常	$R > 60\%$	地表湿润,无旱象
2	轻旱	$50\% < R \leq 60\%$	地表蒸发量较小,近地表空气干燥
3	中旱	$40\% < R \leq 50\%$	土壤表面干燥,地表植物叶片白天有萎蔫现象
4	重旱	$30\% < R \leq 40\%$	土壤出现较厚的干土层,地表植物萎蔫、叶片干枯,果实脱落
5	特旱	$R \leq 30\%$	基本无土壤蒸发,地表植物干枯、死亡

1.4.4　作物生理生态指标

作物生理生态指标主要包括作物生理指标和作物形态指标两类。作物生理指标包括利用叶片相对含水量、气孔导度、叶水势、光合速率、冠层温度、蒸腾速率、细胞汁液浓度等建立的指标;作物形态指标是指利用作物长势、长相来判断作物的缺水程度,这与土壤水分是息息相关的。而目前用于土壤水分和干旱监测的方法大致分为两种,一种是利用地面监测站网,对地面的土壤湿度进行监测记录;另一种则是利用卫星或航拍遥感图进行反演,结合相应模型获取土壤含水量。常见的土壤含水量测量方法有称重烘干法、中子法、时域反射法(TDR)、电阻法、核磁共振法、电容法、土壤张力法、频域反射法(FDR)等,虽然这些传统的方法可以测定不同土壤深度的土壤含水量,精度也相对较高,但在测量过程中需要花费很多的人力和物力,而且也只能获取稀疏测量点的土壤含水量数据,采样速度慢,数据也很难保证时效性,难以满足实时大范围的土壤含水量的监测要求。而利用遥感手段则可以克服传统干旱监测的缺点,且监测面积广、速度快,监测范围大,可以通过监测不同指标,反映土壤水分,体现地区干旱情况。

1.4.4.1　热惯量指数

采用热惯量法反演土壤含水量相对比较简单,但它只适用于植被覆盖度不高的非作物生长期情况的反演,一般用于反演获取地表10 cm以下的土壤水分状况,同时热惯量的大小与土壤质地和土壤湿度密切相关,而这种方法反演土壤含水量容易受到天气变化的影响,在天气晴朗的情况下监测效果不是十分理想。热惯量是衡量物体本身热量变化的尺度,土壤热惯量是土壤热特性的一个综合指标,由于物体对热量的反应状况不同,所以各种物体表现出来的热惯量也各不相同,比热容大的物体热惯量的变化也大,且土壤热惯量与土壤含水量成正相关的关系。因此,用热惯量来描述土壤含水量是一个快捷手段,也把热惯量称为遥感监测土壤水分的重要指标。

1.4.4.2　垂直干旱指数

垂直干旱指数是由詹志明和秦其明等(2006)基于光谱特征空间

提出的。垂直干旱指数(PDI)使用红光波段和近红外波段的地表反射率构建,在红光与近红外光谱特征空间中进行几何转换,经过特征空间原点作土壤线的垂线,计算特征空间中散点距离该垂线的距离,即垂直干旱指数。其对土壤含水量的表示为:在红外和近红外二维特征空间中任意一点到该直线的距离表示水分的分布情况,距离越近表示水分含量越高,距离越远表示水分含量越低。该方法直接用光谱特征来监测土壤的干旱情况,既简单又非常有效。

詹志明等的研究表明,将垂直干旱指数应用于裸地进行地表水分分析的效果十分理想,但是在植被覆盖度较高的农田,垂直干旱指数的应用受到了极大干扰,主要为地形特征在不同土壤类型下会非平面分布。为此,阿布都瓦斯提等提出了修正的垂直干旱指数。

1.4.4.3 温度植被干旱指数

Price、Carlson 和 Moran 等发现温度和归一化植被指数在二维特征空间中呈梯形或三角形分布,温度植被干旱指数是 Inge Sanholt 等在温度和归一化植被干旱指数散点图构成的二维特征空间的基础上提出的,在温度植被干旱指数特征空间中,只要知道有无植被覆盖的地方所关系的温度的两端端点值,那么就可以得到在所有情况下的干旱情况。温度植被干旱指数的取值区间为 0 ~ 1。温度植被干旱指数可以表征土壤湿度情况,取值越大表示土壤越干旱;取值越小表示越接近于 0,表示土壤越湿润。但这种方法与土壤类型和地表植被类型密切相关,适用于植被覆盖度高的地区。

1.4.4.4 作物供水指标

植被供水指数是由中国国家卫星气象中心提出的,通过计算冠层温度和归一化植被指数的比值得出,进而表示土壤干旱的情况。其原理为:在作物水分供给充足的条件下,生长中的植物的植被指数和植物的表面温度都会维持在一定的范围内。在植被覆盖的区域内,反演得到的地表温度可以体现为植被的冠层温度,当植被受到干旱威胁时,植被会通过关闭气孔来减少自身的蒸腾量,减少一些水分的蒸发,减少水分蒸发以后,作物的冠层温度相应地会得到提高。同时,当植被受到干旱以后,叶绿素的色质也会发生相应的变化,例如叶片出现枯死,叶面的面积指数会骤降,归一化植被指数值则会减小,植被供水指数也会变大,因此植被供水指数越大表示作物受旱越严重。相反,如果植被能够汲取自身需要的水分,长势良好,就可以利用遥感影像数据得到在各个时期对应的不同区间的植被供水指数,对干旱情况进行实时监测。但是在低植被覆盖度区域,对干旱情况的描述往往会出现偏差。

总之,干旱指标是否能够描述干旱的强度、范围和起止时间;是否包含明确的物理机制,充分考虑降水、蒸散、径流、渗透以及土壤特性等因素对水分状况的影响;是否具有实用性等,是判断干旱指标的重要条件。由于干旱自身的复杂特性和对社会影响的广泛性,某一个干旱指标很难达到时空上普遍适用的条件,干旱指标大多是建立在特定的地域和时间范围内的,有其相应的时空尺度。因此,我们在研究区域干旱时,必须要选择适宜区域范围的指标。

参 考 文 献

[1] 齐述华.干旱监测遥感模型和中国干旱时空分析[R].北京:中国科学院遥感应用研究所,2004.

[2] 张强,潘学标,马柱国,等.干旱[M].北京:气象出版社,2009.

[3] 赵聚宝,李克煌.干旱与农业[M].北京:中国农业出版社,1995.

[4] 张养才,等.中国农业气象灾害概论[M].北京:气象出版社,1991.

[5] 杜继稳,等.陕西省干旱监测预警评估与风险管理[M].北京:气象出版社,2008.

[6] 张书余.干旱气象学[M].北京:气象出版社,2008.

[7] 尹晗,李耀辉.我国西南干旱研究最新进展综述[J].干旱气象,2013,31(1):182-193.

[8] Wilhite D A. Drought as a natural hazard: Concept and Defitnitions Wilhite D A, ed. Drought:A Globe Assessment. London & New York: Routledge, 2000:3-18.

[9] 郭宗凯.辽宁省朝阳地区干旱发生规律的研究[D].沈阳:沈阳农业大学,2016.

[10] 钱纪良,林之光.关于中国干湿气候区划的初步研究[J].地理学报,1965,31(1):1-14.

[11] 周广学,李普庆,周晓东.辽宁西部地区光热水资源变化对农业生产的影响[J].中国农业气象,2011,32(S1):38-41.

[12] 刘娟.辽西北半干旱地区气象干旱发生规律及预测方法研究[D].沈阳:沈阳农业大学,2014.

[13] 刘欢.干旱遥感监测方法及其应用发展[J].地理信息科学学报,2012,14(2):232-237.

[14] 路京选.国内外干旱遥感监测技术发展动态综述[J].中国水利水电科学研究院学报,2009,7(2):265-269.

[15] 刘宗元.基于多源数据的西南地区综合干旱监测指数研究及其应用[R].重庆:西南大学,2015.

[16] 张学艺.我国干旱遥感监测技术方法研究进展[J].气象科技,2007,35(4):574-578.

[17] 周磊.以遥感为基础的干旱监测方法研究进展[J].地理科学,2015,35(5):630-634.

[18] 王健美.基于环境卫星数据的彰武地区干旱监测研究[D].沈阳:沈阳农业大学,2016.

[19] 李柏贞,周广胜.干旱指标研究进展[J].生态学报,2014,34(5):1043-1052.

[20] 王劲松,郭江勇,周跃武,等.干旱指标研究的进展与展望[J].干旱区地理,2007,30(1):60-65.

[21] 姚玉璧,张存杰,邓振镛,等.气象农业干旱指标综述[J].干旱地区农业研究,2007,25(1):185-189.

[22] 周磊,武建军,张洁.以遥感为基础的干旱监测方法研究进展[J].地理科学,2015,35(1):630-636.

[23] 袁文平,周广胜.干旱指标的理论分析与研究展望[J].地球科学进展,2004,19(6):982-991.

[24] 王密侠,马成军,蔡焕杰.农业干旱指标研究与进展[J].干旱地区农业研究,1998,16(3):119-124.

[25] 舒楠.基于OLI影像数据的彰武地区干旱监测研究[D].沈阳:沈阳农业大学,2016.

[26] 吴淑静.基于Landsat8 OLI数据彰武地区旱情监测模型研究[D].沈阳:沈阳农业大学,2017.

第 2 章　遥感旱情监测的数据基础

2.1　遥感监测旱情的数据基础与来源

2.1.1　遥感卫星数据

遥感卫星数据是遥感卫星在太空探测地球地表物体对电磁波的反射及其发射的电磁波,从而提取该物体信息,完成远距离识别物体,将这些电磁波转换、识别得到可视图像,即为卫星影像。目前免费的卫星遥感图可以从 USGS Earth Explorer(美国地质调查局)、NASA Reverb(美国航空航天局)、Earth Observation Link (EOLi)——欧洲航天局旗下的对地观测编录数据库、National Institute for Space Research (INPE)——中巴合作项目、地理空间数据云等网站获取。

随着航空技术的发展,可以用于遥感干旱监测的数据源种类越来越多,常用的遥感数据源见表 2-1,进行干旱监测所选用的数据源应该满足时效性高、精度强的要求。目前,应用较为广泛的遥感数据源有改进型甚高分辨率辐射仪 AVHRR,多光谱扫描仪(TM)、热红外传感器(TIRS)、增强型专题制图仪(ETM +)和陆地成像仪(OLI)等陆地卫星(Landsat)系列;中分辨率成像光谱仪(MODIS)和中国环境减灾卫星 HJ – 1A/B 搭载的宽覆盖多光谱 CCD 相机、超光谱成像仪(HSI)和红外相机(IRS)等,这些数据源为干旱监测提供了较好的数据支持。如今,利用遥感数据反演地表温度,利用热红外遥感进行研究成为当今的一个重要科研领域,国内外学者使用多种传感器数据对地表含水量情况反演进行研究。

目前运用比较普遍的是环境小卫星和 Landsat 系列遥感数据,不同遥感数据的处理步骤不同。运用 ENVI5.0、ArcGIS10.0 作为技术支持平台,ENVI 是 Exelis VIS 公司由 IDL 编写的遥感影像处理软件,为遥感影像的处理提供了丰富的工具,研究中采用 ENVI5.0 对环境卫星遥感数据源进行相关预处理,通过波段运算工具计算出土壤水分反演中所需要的各个参数。ArcGIS 是全球使用最为广泛的地理信息系统平台,研究中运用 ArcGIS10.0 进行数据的分析和制图,是对数据提供矢量化处理的重要工具。

表 2-1　常用遥感干旱监测的遥感数据源

传感器	卫星	空间分辨率	数据时间	重访周期(d)
AVHRR	NOAA	1 km	1989 年至今	1
AVHRR	NOAA	8 km	1982~2006 年	1
MODIS	Terra	250 m, 500 m, 1 km	2000 年至今	1~2
MODIS	Terra	250 m, 500 m, 1 km	2002 年至今	1~2
TM	Landsat5	30 m	1982~2011 年	16
ETM +	Landsat7	15 m, 30 m, 60 m	1999 年至今	16
OLI/TIRS	Landsat8	15 m, 30 m	2013 年至今	16
CCD/HSI/IRS	HJ-1A/B	30 m, 100 m, 150 m, 300 m	2008 年至今	2

2.1.2　遥感监测旱情的数据预处理

2.1.2.1　数据预处理的目的

预处理过程包括辐射定标、几何校正和影像裁剪拼接、大气校正等,不同的过程其目的不同。

做完几何校正处理以后,经过裁剪即可得到研究区范围的遥感影像图。裁剪的目的就是通过运用研究区区域矢量边界从处理过的整幅遥感图中得到研究区卫星遥感图像。

2.1.2.2　环境小卫星遥感数据预处理

1.辐射定标

由于各传感器对探测物体产生的响应效果不同,可能会出现输入值相同却产生输出值不同的效果,在图像上产生条纹,为了消除这种影响就要进行辐射定标。

中国资源卫星应用中心于 2011 年 7 ~ 9 月完成了环境小卫星的场外定标试验,并进一步检验了真实性。环境卫星 CCD 的定标公式见式(2-1),定标系数见表 2-2。

$$L = DN/A + L_0 \tag{2-1}$$

式中:DN 为原始影像的灰度值;L_0 为偏移量;A 为绝对定标系数增益。

经过辐射定标后的影像如图 2-1 所示。

表 2-2　CCD 相机的定标系数

卫星	参量	波段			
		Band1	Band2	Band3	Band4
HJ – 1A – CCD1	A	0.769 6	0.781 5	1.091 4	1.028 1
	L_0	7.325 0	6.073 7	3.612 3	1.902 8
HJ – 1A – CCD2	A	0.743 5	0.737 9	1.089 9	1.085 2
	L_0	4.634 4	4.098 2	3.736 0	0.738 5
HJ – 1B – CCD1	A	0.706 0	0.696 0	1.008 2	1.006 8
	L_0	3.008 9	4.448 7	3.214 4	2.560 9
HJ – 1B – CCD2	A	0.804 2	0.782 2	1.055 6	0.923 7
	L_0	2.221 9	4.068 3	5.253 7	6.349 7

环境卫星的热红外数据也是用 DN 值来表示的,在使用环境卫星热红外数据时需要将其转换为辐射亮度。其公式为

$$L_\lambda = \frac{DN - b}{g} \tag{2-2}$$

式中:L_λ 为热红外传感器所接收到的地表物体反射出的辐射亮度;b 为偏移量;g 为绝对定标系数增益。

在环境卫星热红外数据头文件中可以获取相应的数值。其定标系数如表 2-3 所示。

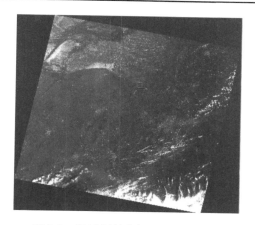

图 2-1　经过辐射定标后的遥感影像

表 2-3　HJ – 1B IRS8 定标系数

相机	参量	2009 年星上定标系数	2010 年场地定标系数
HJ – 1B IRS8	g	61.472	59.421
	b	– 44.598	– 25.441

2. 几何校正和影像裁剪

遥感传感器的姿态、运行速度等会将获取影像中的物体发生扭曲和变形,产生影像的几何变形,几何校正是研究中遥感影像处理的至关重要的环节。对研究区的环境卫星 CCD 影像进行几何校正,以已经校正好的 Landsat8 OLI 影像为基准,使用人机交互式方法,在遥感影像图中选取 20 个特征位置点对图像进行几何精校正,消除几何畸变,使几何误差控制在一个像元内,并将最终投影坐标统一转换为 UTM – WGS84 坐标系。通过 ArcGIS 软件生成彰武地区的矢量文件,利用彰武县矢量边界数据建立感兴趣区,对遥感影像进行裁剪。在数据源中可能有个别部分有云雾覆盖,云雾覆盖会对计算结果产生影响,运用掩膜法,可以消除影像中其他因素的影响,裁剪后即可得到研究区范围的遥感影像图。

由于环境卫星的长波红外波段的空间分辨率为 300 m,所以在裁剪时需要将多光谱数据进行重采样到 300 m,以达到数据分辨率统一便于参数的计算。由于环境卫星遥感影像每个像元具有不同的行列号,在进行分辨率修改后要注意行列号是否一致,否则在进行波段运算时会造成影像数据不能进行叠加处理。

3. 大气校正

由于辐射会在大气散射的影响下产生误差,运用 FLAASH 大气校正模块对裁剪后的数据进行校正以消除误差。在进行干旱监测过程中需要温度和归一化植被指数参数的反演,如果不进行大气校正将会丢失一些反射数据,产生微小的误差,影响反演结果。因此,进行大气校正这一过程是必要的,经过这一步骤可以获得地面物体的真实反射率。如今大气校正模型有地面线性回归模型、基于图像特征的模型和大气辐射传输理论模型,而目前常用的辐射传输模型有 MODTRAN 模型、ACORN 模型和 6S 模型(孙源等,2010;王中挺等,2014)。本书使用 ENVI 中的 FLAASH 大气校正模块对遥感图像的多光谱数据进行大气校正,这一模块已与 MODTRAN 传输模型相结合。在大气校正前应该注意影像的保存格式,将原始影像保存为 BIL 格式,并将单位转换一致。

由于环境卫星有 4 个多光谱传感器、1 个热红外传感器,而任何传感器在设计阶段都会给出相应的波谱函数,所以环境小卫星有 5 个波谱响应函数。本书使用 HJ1B 卫星及其所挟带的热红外相机的光谱,HJ1BCCD1 和 HJ1BCCD2 波谱响应函数曲线如图 2-2 所示。

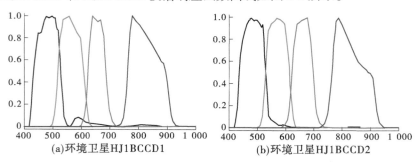

(a)环境卫星HJ1BCCD1　　　　　(b)环境卫星HJ1BCCD2

图 2-2　环境卫星波谱响应函数

经过大气校正前后裁剪后的遥感影像对比见图 2-3,可以看出校正后的影像与校正前的影像相比有明显不同,被处理后的图像要相比处理前的结果更为清晰,大气对实际情况的影响已经基本消除。校正前后的波谱曲线见图 2-4,校正后波谱曲线更加接近实际情况。

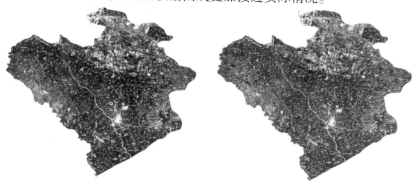

图 2-3　经过大气校正前后裁剪后的遥感影像对比

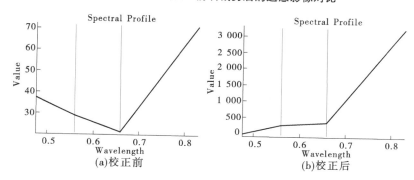

图 2-4　校正前后的波谱曲线

2.1.2.3　Landsat 8 OLI 数据预处理步骤

1. Landsat 8 卫星参数

随着 Landsat8 的发射成功,运用 Landsat8 进行干旱监测研究也逐渐增多。由于该卫星能够提供 15 m 的全色波段和 30 m 的多光谱波段,而且该卫星新增了 2 个波段,1 个是蓝波波段,另 1 个为短红外波段。前者主要用于海岸线监测,后者主要用于云监测。

2. 遥感数据预处理

1）遥感数据预处理的目的和意义

遥感是利用地物电磁波辐射水平的灰度信息,通过处理、分析、解译,从而达到识别地表物体的目的,然而受到卫星速度的变化或者大气的干扰作用,所得到的实际的图像灰度信息与地物所辐射的电磁波能量反映出来的值的大小并不完全吻合,甚至会导致图像的几何变形。影像图在成像过程中受到的干扰并不能忽略,对于这些影响和干扰需要去除和校正。因此,从地理空间数据云中所获取的原始卫星遥感影像图需要进行相关的预处理和校正处理,比如大气校正、辐射定标等。

遥感影像处理(processing of remote sensing image data)是一项处理技术,它主要是通过对遥感集市中的图像进行辐射定标和大气校正、投影变换、裁剪镶嵌、特征提取、地物分类以及专题处理等各种操作,从而达到预期目的的技术。该技术广泛应用于各个领域,且是影像处理中较为重要的一个环节。遥感影像的预处理直接影响整个结果的精确度,预处理的目的是修正原始遥感影像图中的各种变形,也就是为了保证得到的结果更接近于实际地物地貌,对图像成像中所产生的变形、失真的纠正。预处理在整个遥感处理中是一个关键的步骤,为我们得到更为精准的遥感结果提供了基本保证。遥感预处理对本书中的旱情监测参数计算至关重要,为旱情监测模型的构建做铺垫。因此,遥感预处理对遥感处理具有重要的意义。

2）辐射定标

定标是将遥感器所得的测量值变换为绝对亮度或变换为与地表反射率、表面温度等物理量有关的相对值的处理过程。运用 ENVI 中的 Radiometric Calibration 工具,对所需要定标的数据进行校正。本书所使用的遥感原始图像及其辐射定标效果如图 2-5、图 2-6 所示。

辐射定标前后同一地物的光谱曲线对比见图 2-7。

辐射定标的结果在光谱曲线上得到很好的显示,可以看到定标后的数值主要集中在 0~10 范围内,未进行辐射定标的图像数值则变化幅度很大。

图 2-5　2016 年 6 月原始遥感图像　　　图 2-6　彰武县辐射定标后的卫星影像

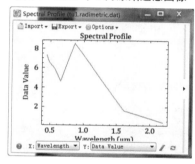
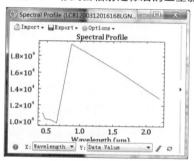

图 2-7　辐射定标前后同一地物的光谱曲线对比

3）大气校正

大气校正的目的主要是消除大气云层和光照等因素的干扰,大气中含有水汽、二氧化碳、臭氧等对地表物质反射有影响的物质,因此需要对大气分子和气溶胶散射的影响进行消除。同时,大气校正还是对太阳角度和卫星角度所产生影响的校正。由于卫星在运行过程中拍摄地物,其飞行姿态、倾斜角度等对最终的成像结果也有一定的影响和误差。因此,大气校正在遥感定量和定性分析中是决定遥感分析精度的重要前提和保证。

大气校正将定标值还原为地表真实信息,并能高保真地恢复地物波谱信息,对后期植被覆盖度和地表温度信息提取具有重要意义。运用

ENVI 中的 FLAASH Atmospheric Correction 工具,对所需要定标的数据进行大气校正,其效果如图 2-8 所示。

图 2-8　彰武县大气校正后效果

大气校正前后同一地物的光谱曲线对比见图 2-9。

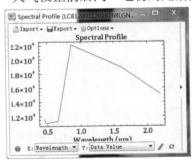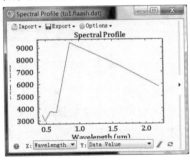

图 2-9　彰武县大气校正前后光谱曲线对比

　　遥感数据的预处理过程根据所研究的区域、内容、数据源及精度要求的不同而不同,对研究数据做辐射定标、大气校正、镶嵌和裁剪等过程。通过一系列的遥感数据预处理,使遥感影像图的精确度有了明显提高,同时为后期的其他信息提取做良好的铺垫。

2.2 参数计算

2.2.1 环境小卫星

基于环境小卫星参数计算以 2014 年相关数据为例进行演示。

2.2.1.1 亮度温度计算

亮度温度指的是物体辐射出的能量等于观测的辐射能量的黑体温度,但是自然界中的物体并不是黑体,所以选取一个比物体本身实际温度低的黑体温度等效表示物体的温度。

在辐射亮度的基础上,利用环境卫星热红外遥感数据结合 Plank 辐射函数,根据这一方法计算其所对应的像元亮度温度,公式如下

$$T_s = \frac{K_2}{\ln\left(\dfrac{K_1}{L} + 1\right)} \tag{2-3}$$

$$K_1 = 2hc^2\lambda^{-5} \tag{2-4}$$

$$K_2 = hck^{-1}\lambda^{-1} \tag{2-5}$$

式中:T_s 为亮度温度,K;c 为真空中的光速;L 为辐射亮度;h 为普朗克常量;λ 为热红外波段的波长;k 为玻尔兹曼常量。

由环境卫星的基本参数可知,热红外通道的有效波长为 11.511 μm,可求得 $K_1 = 589.33$ W/($m^2 \cdot sr \cdot \mu m$),$K_2 = 1\,249.91$ K。

2.2.1.2 归一化植被指数

植被指数是反演地表干旱情况的一个重要的参数。植被指数随生物量的增加而增大,能够反映出当地的植被覆盖情况和植被生长状况,植物体内的叶绿素对于可见的红光波段吸收性较强,对近红外波段反射性较强,所以可以用地表对红光和近红外波段光谱进行数值比值运算,求得归一化植被指数,实现地表覆盖情况的监测。

$NDVI$ 的计算公式如下

$$NDVI = \frac{\rho_4 - \rho_3}{\rho_4 + \rho_3} \tag{2-6}$$

式中：ρ_3 为环境卫星第三波段（红波段）的反射率；ρ_4 为环境卫星第四波段（近红外波段）的反射率。

$NDVI$ 能够反映植被的长势，$NDVI$ 反演结果如图 2-10 所示。

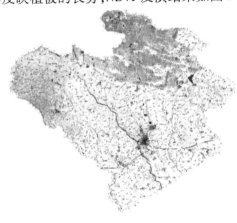

图 2-10　300 m 归一化植被指数反演结果

反演结果中，$-1 < NDVI < 1$、$-1 < NDVI < 0$，表示地面上有水体或云朵，对可见光的反射性较高；$NDVI = 0$，表示地表无植被覆盖，近红外波段与可见光波段的反射情况基本相等；$NDVI > 0$，表示地表有植被覆盖，$NDVI$ 值随着植被覆盖度的增大而变大。

将采样点坐标数据保存到文本文档中，在 ENVI 中以感兴趣区的方式将坐标点导入归一化植被指数反演结果图中，提取出采样点的归一化植被指数，各实测点的 $NDVI$ 值见表 2-4。

表 2-4　2014 年研究日测点的 $NDVI$ 值

点号	北纬（°）	东经（°）	7 月 14 日	8 月 6 日	9 月 18 日
1	42.519 602	122.531 192	0.865 2	0.852 1	0.555 9
2	42.515 750	122.304 794	0.600 2	0.844 8	0.652 7
3	42.497 928	122.263 006	0.763 2	0.778 3	0.765 4
4	42.496 577	122.263 021	0.778 5	0.668 2	0.727 9

续表 2-4

点号	北纬(°)	东经(°)	7 月 14 日	8 月 6 日	9 月 18 日
5	42.498 062	122.549 608	0.789 3	0.853 5	0.574 9
6	42.496 592	122.520 411	0.733 5	0.594 2	0.604 9
7	42.495 354	122.283 115	0.830 8	0.800 9	0.602 0
8	42.489 838	122.520 463	0.789 0	0.820 9	0.406 9
9	42.478 075	122.626 398	0.884 3	0.608 4	0.386 3
10	42.467 354	122.653 832	0.861 0	0.857 4	0.590 4
11	42.459 083	122.602 795	0.765 5	0.872 6	0.573 4
12	42.458 183	122.396 649	0.516 4	0.726 5	0.547 1
13	42.457 806	122.624 695	0.868 9	0.768 5	0.600 2
14	42.428 407	122.385 994	0.822 8	0.813 0	0.513 5
15	42.427 066	122.387 830	0.859 3	0.810 1	0.526 9
16	42.408 046	122.367 963	0.707 9	0.840 9	0.508 5
17	42.398 414	122.639 630	0.828 9	0.835 9	0.369 6
18	42.395 217	122.506 604	0.751 1	0.811 9	0.452 7
19	42.379 413	122.612 407	0.722 6	0.760 9	0.585 4
20	42.376 201	122.483 067	0.668 3	0.719 2	0.395 5
21	42.374 866	122.486 722	0.567 6	0.767 0	0.527 1
22	42.359 074	122.590 675	0.698 6	0.843 1	0.516 7
23	42.357 281	122.481 401	0.780 5	0.861 3	0.628 8
24	42.355 938	122.483 233	0.778 8	0.873 9	0.498 8
25	42.345 022	122.459 649	0.862 6	0.696 1	0.450 3
26	42.338 804	122.588 985	0.870 7	0.813 0	0.560 9
27	42.282 105	122.600 269	0.686 5	0.756 1	0.642 9
28	42.276 708	122.602 123	0.832 4	0.647 1	0.637 1
29	42.251 993	122.500 448	0.654 5	0.758 3	0.545 0

　　土壤含水量的实测点基本上都在玉米地中,7 月、8 月正是玉米生长的旺盛期,所以这一阶段的 *NDVI* 值大部分在 0.7 以上,而 9 月 18 日 *NDVI* 值明显降低,这是由于此阶段为玉米的灌浆期,其体内的干物质开始向果实转移,叶片中的叶绿素含量减少,*NDVI* 值下降,少数地区的玉米由于干旱的影响作物生长以致枯萎,*NDVI* 值偏小。

2.2.1.3　植被覆盖度

　　植被覆盖度与植被指数密切相关,研究区的植被覆盖度可以利用归一化植被指数计算获得,像元二分模型方法是反演植被覆盖度较好的方法。由于每个像元的植被覆盖情况并不完全相同,有的部分有植被覆盖,有的部分没有植被覆盖,可以将其看作完全被植被覆盖的情况和完全为裸露土壤的情况,所以一个像元中的植被覆盖情况可以由这两种情况组合而成。其中完全覆盖的部分所占的比例即为植被覆盖度,所以植被覆盖度的计算公式为

$$f_{\mathrm{v}} = \frac{NDVI - NDVI_{\mathrm{soil}}}{NDVI_{\mathrm{veg}} - NDVI_{\mathrm{soil}}} \qquad (2\text{-}7)$$

式中: $NDVI_{\mathrm{soil}}$ 代表没有植被覆盖土壤表面的 *NDVI* 值,这一值接近于 0,但由于情况不同其值会受到多种因素的影响,这一值会产生 $-0.1 \sim 0.2$ 的变化;$NDVI_{\mathrm{veg}}$ 代表地表被植被完全覆盖时的 *NDVI* 值,$NDVI_{\mathrm{veg}}$ 值也会随着条件的不同而发生变化。

　　计算出这两个值是求取植被覆盖度的关键,其计算公式如下

$$NDVI_{\mathrm{soil}} = \frac{f_{\mathrm{vmax}} \cdot NDVI_{\mathrm{min}} - f_{\mathrm{vmin}} \cdot NDVI_{\mathrm{max}}}{f_{\mathrm{vmax}} - f_{\mathrm{vmin}}} \qquad (2\text{-}8)$$

$$NDVI_{\mathrm{veg}} = \frac{(1 - f_{\mathrm{vmin}}) \cdot NDVI_{\mathrm{max}} - (1 - f_{\mathrm{vmax}}) \cdot NDVI_{\mathrm{min}}}{f_{\mathrm{vmax}} - f_{\mathrm{vmin}}} \qquad (2\text{-}9)$$

　　本书中近似取 f_{vmax} 值为 100% , f_{vmin} 取值为 0% ,则植被覆盖度计算公式可以变为

$$f_{\mathrm{v}} = \frac{NDVI - NDVI_{\mathrm{min}}}{NDVI_{\mathrm{max}} - NDVI_{\mathrm{min}}} \qquad (2\text{-}10)$$

　　获取研究区域内最大和最小的 *NDVI* 值成为计算植被覆盖度的关键。在计算得到的归一化植被指数中,选取特定的 *NDVI* 值作为最大

值与最小值,这就需要根据反演地区的实际情况来进行取值。研究中选取累计概率为 5% 的 $NDVI$ 值作为 $NDVI_{min}$,累计概率为 95% 的 $NDVI$ 值作为 $NDVI_{max}$。经过统计获取 $NDVI_{max}$ 和 $NDVI_{min}$。

我们可以将整个研究区分成三部分:当 $NDVI < NDVI_{min}$ 时,则 f_v 取值为 0;当 $NDVI > NDVI_{max}$ 时,则 f_v 可以取 1;$NDVI_{min} < NDVI < NDVI_{max}$ 时,计算公式如式(2-10)所示。在 ENVI 中使用波段运算工具输入以下公式:

$$(b_1 \text{ lt } NDVI_{min}) * 0 + (b_1 \text{ gt } NDVI_{max}) * 1 + (b_1 \text{ ge } NDVI_{min} \text{ and } b_1 \text{ le } NDVI_{max}) * ((b_1 - NDVI_{min})/(NDVI_{max} - NDVI_{min}))$$

通过波段运算得到的结果即为植被覆盖度,见表 2-5。

表 2-5　$NDVI_{min}$ 与 $NDVI_{max}$ 取值

日期	$NDVI_{max}$	$NDVI_{min}$
7 月 14 日	0.836 773	0.037 465
8 月 6 日	0.817 704	0.048 214
9 月 18 日	0.797 455	0.032 014

2.2.1.4　地表比辐射率

地表比辐射率是利用遥感影像获取地表温度的一个的参数,地面上物体的热辐射和黑体辐射接近情况就可以用地表比辐射率表示。物体的表面光滑情况、自身温度、观测方向都会对地表比辐射率产生影响,地表比辐射率的取值大于 0 且小于 1。

使用 Sobrino 提出的 $NDVI$ 阈值法计算地表比辐射率:

$$\varepsilon = 0.004 f_v + 0.986 \tag{2-11}$$

为了得到更精确的地表比辐射率数据,可以使用覃志豪等提出的先将地表分成水体、自然表面和城镇区,分别对 3 种地表类型并计算地表比辐射率。

自然界中水域的像元比辐射率取 0.995。

自然表面像元比辐射率:

$$\varepsilon_{surface} = 0.962\ 5 + 0.061\ 4 f_v - 0.046\ 1 f_v^2 \tag{2-12}$$

城镇居民区的像元比辐射率：

$$\varepsilon_{\text{building}} = 0.958\,9 + 0.086f_v - 0.067\,1f_v^2 \tag{2-13}$$

2.2.1.5 地表温度

地表温度是反映地表能量平衡的重要指标,地表显热通量、潜热通量和土壤热通量的计算都与此密切相关,它也是进行干旱状况评价的重要因子。孙俊、张慧等在太湖流域进行了试验研究,分别使用了普适性单窗算法、覃志豪单窗算法和基于影像的 Artis 反演算法反演研究区的地表温度,这三种方法都有各自的优缺点,其中基于影像的 Artis 反演算法的精度介于前两者之间,且算法所需参数较少,适合大气水汽含量影响较小的区域,因此本书选取此种算法反演彰武县的地表温度。

辐射亮度温度表示的只是黑体的温度,而自然界中只有很少的物体是黑体,因此引入比辐射率将黑体温度转为物质的实际温度,计算地表的实际温度的公式如下：

$$T = \frac{T_s}{1 + (\lambda T_s/\rho)\ln\varepsilon} \tag{2-14}$$

$$\rho = \frac{hc}{\sigma} \tag{2-15}$$

式中:T_s 为传感器的亮度温度,K;T 为地表温度,K,在进行波段计算时需要转换为℃;λ 为热红外波段的有效波长,μm,环境卫星的热红外波段波长取 11.511 μm,在计算过程中单位应换算成 m;σ 为玻耳兹曼常量,其值为 1.38×10^{-23} J/K;$\rho = 1.433\,876\,89 \times 10^{-2}$ mK;ε 为地表比辐射率;h 为普朗克常量,其值为 6.626×10^{-34} Js;c 为光速,其值为 2.998×10^8 m/s。

利用基于影像的 Artis 反演算法,得出研究区域 2014 年 7 月 14 日、8 月 6 日、9 月 18 日的地表温度,通过密度分割,将研究区的地表温度分为低于 20 ℃(蓝色)、20~22 ℃(绿色)、22~26 ℃(黄色)、26~31 ℃(红色)4 个等级。地表温度空间分布结果如图 2-11 所示。

从反演得到的彰武县地表温度分布图可以看出,彰武县城居民地、山体和无植被覆盖的地表温度平均值较高,彰武地区反映出这样的温度变化,主要原因为城市地区人口和建筑物密集,产生城市热岛效应；

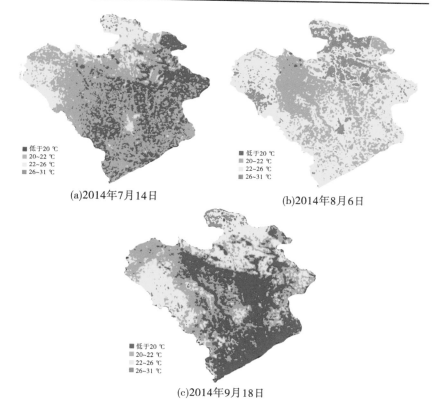

(a)2014年7月14日　　　　(b)2014年8月6日

(c)2014年9月18日

图2-11　地表温度空间分布结果

而耕地区域植被覆盖率较大,下垫面的比热小,温度相对较低。

2.2.2　Landsat8 参数计算

目前,地表温度反演算法主要有以下三种:大气校正法(也称辐射传输方程;radiative transfer equation ,RTE)、单窗算法和分裂窗算法。应用单窗算法的如 Landsat TM/ETM 数据,应用分裂窗算法的如 NOAA-AVHRR 和 MODIS 数据。热红外遥感是指传感器工作波段限于红外波段范围之内的遥感,包括 ASTER、AVHRR、MODIS、TM/ETM +/TIRS 等,而本书采用的就是地表温度的大气校正算法。

2.2.2.1　大气校正法

基本原理:首先估算大气对地表热辐射的影响,传感器所获得的热辐射总量去掉大气这一部分的影响,得到地表热辐射强度,从而地表温度可以从前者转换得到。

具体实现:辐射亮度值 L_λ 由①大气直接向上的值;②地球表面的反射;③大气先向下传播,然后由于地面的反射。因此,辐射亮度值 L_λ 可以表示为

$$L_\downarrow = [\varepsilon B(T_s) + (1 - \varepsilon)L_\downarrow]\tau + L^\uparrow \tag{2-16}$$

式中: ε 为地表比辐射率; T_s 为地表真实温度,K; $B(T_s)$ 为黑体热辐射亮度; τ 为大气在热红外波段的透过率。

则温度为 T 的黑体在热红外波段的辐射亮度 $B(T_s)$ 为

$$B(T_s) = [L_\lambda - L^\uparrow - \tau(1 - \varepsilon)L_\downarrow]/\tau\varepsilon \tag{2-17}$$

T_s 可以用普朗克公式的函数获取

$$T_s = K_2/\ln[K_1/B(T_s) + 1] \tag{2-18}$$

对于 landsat8 中 TIRS 的 Band10 数据, $K_1 = 774.89$ W/(m² · μm · sr), $K_2 = 1\,321.08$ K。

综上所述,此类算法需要两个参数:大气剖面参数和地表比辐射率。在 NASA 提供的网站上,输入成影时间以及中心经纬度可以获取大气剖面参数,适用于只有一个热红外波段的数据,如 TIRS 数据。

在 NASA 官网(http://atmcorr.gsfc.nasa.gov)输入相关数据,得到图 2-12。

2.2.2.2　归一化植被指数

不同波段的组合可以得到不同的遥感图像,有的波段组合可以从直观上看到作物的长势。植物的叶面在可见光波段具有很强的吸收性,在近红外波段具有很强的反射性,通过植物的这种特性,对可见光和近红外两个波段遥感数据进行比值、差分、线性组合等不同的运算,就可以得到不同的植被指数。NDVI 的值为 -1 ~ 1。随着这个值的变化而变化,如果这个值增大,那么说明该区域比较茂盛。当 NDVI = 0 时,表示陆地表面有岩石或为裸土等,近红外波段和可见光波段近似相等;当 NDVI > 0 时,表示陆地表面有植被覆盖,且 NDVI 值随着植被覆

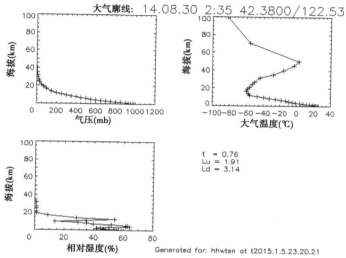

Band average atmospheric transmission:　0.76
Effective bandpass upwelling radiance:　1.91 W/m^2/sr/um
Effective bandpass downwelling radiance: 3.14 W/m^2/sr/um

大气廓线: 14.08.30 2:35 42.3800/122.53

t = 0.76
Lu = 1.91
Ld = 3.14

Generated for: hhwtsn at t2015.1.5.23.20.21

图 2-12　彰武县大气剖面信息图

盖度增大而增大。

归一化植被指数值见图 2-13。

图 2-13　归一化植被指数值

2.2.2.3　植被覆盖度

采用 ArcGIS 软件的栅格计算器作为辅助,应用植被覆盖度的估算公式计算所有影像的植被覆盖度分布情况。将计算得到的植被覆盖度(*FC*)分为如下几种情况:低植被覆盖度(它是小于 10% 的)、较低植被覆盖度值介于 10% 和 30%、中度植被覆盖度值介于 30% 和 50%、较高植被覆盖度值介于 50% 和 70%)和高植被覆盖度值大于 70%。最后得到的植被覆盖度图像如图 2-14 所示。

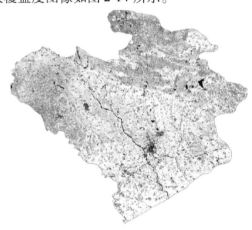

图 2-14　植被覆盖度图像

2.2.2.4　地表比辐射率

比较常用的一种是先对遥感图像进行分类,将地表分为不同覆盖类型,再根据实测或者经验值的地物辐射率给各个地表覆盖类型赋予不同的值,从而生成地表比辐射率图像。

TIRS 的 Band10 热红外波段计算地表比辐射率:

$$\varepsilon = 0.004f_v + 0.986$$

式中:f_v 为植被覆盖度,用以下公式计算:

$$f_v = (NDVI - NDVI_{soil})/(NDVI_{veg} - NDVI_{soil})$$

式中:*NDVI* 为归一化植被指数;$NDVI_{soil}$ 对应的为裸土区域的 *NDVI* 值;$NDVI_{veg}$ 对应为有植被覆盖的区域的 *NDVI* 值。

取经验值 $NDVI_{veg} = 0.70$ 和 $NDVI_{soil} = 0.05$,即当某个像元的

$NDVI > 0.70$ 时, f_v 取值为 1;当 $NDVI < 0.05$ 时, f_v 取值为 0。

在 Toolbox 工具中,双击 Spectral – Vegetation – NDVI 工具,在文件输入对话框中选择 Landsat8 OLI 大气校正结果。

在 NDVI 对话框中选择 NDVI 计算波段。

选择输出文件名和路径。

在 Toolbox 中选择 Band Ratio – Band Math,输入表达式:

$$[\,(b_1\ gt\ 0.7)\ast 1 + (b_1\ lt\ 0.05)\ast 0 + (b_1\ ge\ 0.05\ and\ b_1\ le\ 0.7)\ast (b_1 - 0.05)\,]/(0.7 - 0.05)$$

式中:b_1 为 NDVI,计算得到植被覆盖度图像。

在 Toolbox 中选择 Band Ratio – Band Math,输入表达式:

$$0.004 \ast b_1 + 0.986$$

式中:b_1 为植被覆盖度图像,计算得到地表比辐射率图像(见图 2-15)(为了得到更精确的地表比辐射率数据,可以将地表分为水体、自然表面和城镇区,分别针对两种地表类型计算地表比辐射率)。辐射亮度图像见图 2-16。

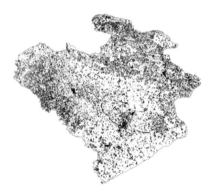

图 2-15　地表比辐射率图像

图 2-16　辐射亮度图像

在图层管理器中的地表温度图像图层上,单击右键选择"Raster Color Slices"将温度划分为 4 个区间,最终的真实地表温度分布见图 2-17。

使用 ENVI5.0 SP3 软件提取每个实测点的地表反演温度值,如

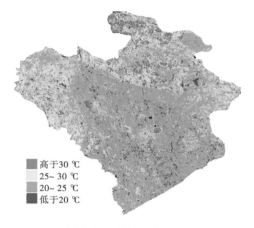

图 2-17　地表温度图像

表 2-6、表 2-7 所示。

表 2-6　8 月各测点地表温度反演值

点号	北纬 (°)	东经 (°)	地表温度 (℃)	点号	北纬 (°)	东经 (°)	地表温度 (℃)
1	42°16′35″	122°36′10″	29.1	16	42°24′28	122°22′07″	25.0
2	42°16′55″	122°36′00″	28.4	17	42°24′27″	122°22′04″	29.2
3	42°16′56″	122°36′06″	30.2	18	42°24′29″	122°22′01″	29.2
4	42°20′18″	122°35′20″	26.0	19	42°24′29″	122°21′57″	28.4
5	42°20′20″	122°35′28″	24.2	20	42°29′53″	122°15′44″	20.2
6	42°20′17″	122°35′23″	25.2	21	42°29′47″	122°15′45″	20.0
7	42°20′20″	122°35′31″	24.6	22	42°29′44″	122°15′44″	25.2
8	42°27′29″	122°37′27″	25.8	23	42°29′45″	122°15′50″	23.6
9	42°27′25″	122°37′28″	23.6	24	42°21′26″	122°28′56″	23.6
10	42°27′28″	122°37′32″	24.4	25	42°21′23″	122°28′57″	27.6
11	42°27′28″	122°37′23″	25.4	26	42°21′21″	122°28′57″	27.0
12	42°29′50″	122°31′11″	25.0	27	42°20′40″	122°29′22″	25.3
13	42°29′52″	122°31′12″	24.6	28	42°20′41″	122°29′15″	25.6
14	42°29′58″	122°31′13″	28.4	29	42°20′41″	122°29′11″	25.4
15	42°29′58″	122°31′16″	24.4				

图中图例：
■ 高于30 ℃
□ 25~30 ℃
■ 20~25 ℃
■ 低于20 ℃

表 2-7　9 月各测点地表温度反演值

点号	北纬 (°)	东经 (°)	地表温度 (℃)	点号	北纬 (°)	东经 (°)	地表温度 (℃)
1	42°11′33″	122°36′23″	25.2	16	42°24′18	122°22′12″	23.6
2	42°12′53″	122°36′14″	24.6	17	42°24′23″	122°22′24″	25.6
3	42°11′53″	122°36′16″	28.6	18	42°24′24″	122°22′32″	24.2
4	42°20′18″	122°35′22″	27.2	19	42°24′25″	122°21′13″	27.2
5	42°20′22″	122°35′38″	24.2	20	42°29′22″	122°15′32″	23.1
6	42°20′43″	122°35′43″	26.1	21	42°29′32″	122°15′32″	20.1
7	42°20′13″	122°35′45″	25.2	22	42°29′32″	122°15′12″	24.5
8	42°27′34″	122°37′32″	24.5	23	42°29′23″	122°15′30″	23.4
9	42°27′43″	122°37′21″	22.5	24	42°21′32″	122°28′27″	23.6
10	42°27′32″	122°37′18″	22.1	25	42°21′12″	122°28′12″	22.6
11	42°27′17″	122°37′19″	23.4	26	42°21′21″	122°28′22″	27.1
12	42°29′12″	122°31′21″	25.0	27	42°20′23″	122°29′26″	24.3
13	42°29′32″	122°31′12″	24.7	28	42°20′25″	122°29′25″	25.5
14	42°29′23″	122°31′15″	24.6	29	42°20′28″	122°29′18″	25.3
15	42°29′45″	122°31′32″	25.2				

参 考 文 献

[1] 刘丽,周颖.用遥感植被供水指数监测贵州干旱[J].贵州气象,1998,22(6):
　　17-21.
[2] 齐述华,王长耀,牛铮.利用温度植被旱情指数(TVDI)进行全国旱情监测研
　　究[J].遥感学报,2003,7(5):420-427.
[3] 申广荣,田国良.作物缺水指数监测旱情方法研究[J].干旱地区农业研究,
　　1998(1):167-171.

[4] 徐金鸿,徐瑞松,夏斌,等.土壤遥感监测研究进展[J].水土保持研究,2006
　　(2):17-20.

[5] 丁建丽,姚远.干旱区稀疏植被覆盖条件下地表土壤水分微波遥感估算[J].
　　地理科学,2013,33(7):837-843.

[6] 仝兆远,张万昌.土壤水分遥感监测的研究进展[J].水土保持通报,2007,
　　27(4):107-113.

[7] 陈世荣,孙灏,张宝军,等.环境减灾-1A/1B卫星在干旱监测中的应用研究
　　及实现[J].航天器工程,2009,18(6):138-141.

[8] 韩杏杏,陈晓玲,秦超,等.基于HJ-1A/1B卫星TDVI的干旱监测研究——
　　以鄱阳湖流域为例[J].华中师范大学学报,2014,18(2):274-278.

[9] 黄杨,杨习荣,耿淮滨.土壤含水量与其微波反射特性关系的研究[J].环境遥
　　感,1986,1(2):101-106.

[10] 张仁华.以作物光谱与热红外信息为基础上的复合估产模式[J].科学通报,
　　　1989,34(17):1331-1334.

[11] 刘宪锋,朱秀芳,潘耀忠.农业干旱监测研究进展与展望[J].地理学报,
　　　2015,70(11):1837-1838.

第 3 章 旱情监测的指标

3.1 旱情监测

3.1.1 旱情的定义

旱情是指某个时间段的某个地区的干旱情况,干旱通常指淡水总量少,不足以满足人的生存和经济发展的气候现象,一般是长期的现象,干旱从古至今都是人类面临的主要自然灾害。近几年来利用遥感进行干旱监测是一个研究和应用的热点。作为同时与归一化植被指数和地表温度相关的温度植被干旱指数(TVDI)可用于干旱监测,尤其是监测特定年内某一时期整个区域的相对干旱程度,并可用于研究干旱程度的空间变化特征。

3.1.2 旱情监测的发展

干旱监测研究于 20 世纪初兴起于美国,早期对旱情的监测局限于单一的因素。起初,国外学者在干旱方面运用光谱反射率与土壤水分关系和微波遥感反演土壤水分。进入 70 年代以后,多平台土壤水分监测的遥感反演技术得到快速发展。遥感监测领域的发展极为迅速,进入 80 年代后,遥感监测干旱情况和土壤水分成了一项全面而丰富的监测工作。各种遥感干旱监测方法层出不穷,运用的干旱指标也不尽相同,其中包括土壤热惯量法、温度植被指数法等。

归一化植被指数作为干旱监测的重要指标参数,被广泛地应用于干旱情况监测中。随着我国 FY – 3 号气象卫星的发射成功,我国学者利用微波遥感进行干旱监测的研究也日益增多。微波遥感在干旱监测中的应用越来越广泛,利用微波遥感进行干旱监测的研究逐渐丰富,并且不断地完善了干旱监测的内容和方法。

反演土壤含水量的方法应该选取使用实测指标少,计算参数易于获取,具有较好的时效性的方法,使计算尽量不烦琐,提高反演的精度。由归一化植被指数和地表温度构成二维空间就可以得到温度植被干旱指数,将这两个参数特有的生理生态意义结合起来,减小了植被覆盖情况对研究区干旱监测引起的影响,使得监测具有更高的准确性和更好的实用性,这种方法所需要的参数不多且容易获得,在目前的干旱监测中较为常用。

针对大部分玉米作物。本书选取彰武地区不同月份进行干旱监测研究,不同月份的植物各项特征不同,用各种方法进行比较后选取温度植被干旱指数、垂直干旱指数和修正的垂直干旱指数方法反演彰武地区的土壤含水量。

3.2 地表温度植被指数

3.2.1 温度植被指数

3.2.1.1 温度植被指数的含义及特点

温度植被干旱指数(temperature vegetation dryness index,TVDI)是一种基于光学与热红外遥感通道数据进行植被覆盖区域表层土壤水分反演的方法。TVDI 值越大,土壤湿度越低;TVDI 值越小,土壤湿度越高。

温度植被指数具有如下几个特点:

(1)随着 ENVI 的增加,陆地表面最大温度减小,最大地表温度和最小地表温度差值呈减小趋势,且地面温度的最大值和最小值与 EVI 呈近似线性关系。EVI – T_s 特征空间的季节变化明显,随着温度降低,EVI – T_s 特征空间明显萎缩。随着年内温度的变化,EVI – T_s 特征空间的干湿边截距也发生相应变化,即冬季截距较小,夏季截距较大。

(2)冬旱和春旱的地域分布相似,均呈自北向南逐渐加重的趋势,且沿海地区重于内陆。秋旱的地区分布特点与冬春旱相反,大致呈自南向北逐渐加重的趋势。结合广东省历史气象资料对干旱监测结果进行评价,结果表明遥感监测结果与实际旱情较吻合。

（3）比较了 *TVDI* 与土壤湿度的相关性,结果表明 *TVDI* 可以体现土壤湿度状况,两者呈负相关关系。将 *TVDI* 和主要气象因子做了相关性分析,结果表明,*TVDI* 与降水量、温度和相对湿度间都呈负相关关系。从相关系数来看,*TVDI* 与降水量之间的相关性最高。从气象站尺度来说,*TVDI* 对降水的变化是敏感的,即连续降水可导致 *TVDI* 值下降,旱情得到缓解;持续无降水可使 *TVDI* 值增加,旱情加重。

3.2.1.2　温度植被干旱指数的计算

温度植被干旱指数是在温度和归一化植被指数散点图构成的二维特征空间的基础上提出的,温度植被干旱指数的取值区间为 $0 \sim 1$,条件温度植被指数可以表征土壤湿度情况,*TVDI* 值越大表示土壤越干旱,*TVDI* 值越小越接近于 0,土壤越湿润。

其基本计算公式为

$$TVDI = \frac{T_s - T_{smin}}{T_{smax} - T_{smin}} \tag{3-1}$$

式中:T_s 为任何一个像元的地表温度;T_{smin} 为 *NDVI* 数值相同时地表温度的最小值;T_{smax} 为 *NDVI* 数值相同时地表温度的最大值,T_{smin} 和 T_{smax} 代表二维特征空间中的干边和湿边,对干边和湿边进行线性拟合求得的干湿边方程公式如下:

$$T_{smax} = a_1 + b_1 NDVI \tag{3-2}$$
$$T_{smin} = a_2 + b_2 NDVI \tag{3-3}$$

式中:a_1、b_1、a_2、b_2 分别为地表温度和归一化植被指数的干湿边方程的拟合系数。

将式(3-2)、式(3-3)代入基本公式(3-1)即可求得温度植被干旱指数,*TVDI* 数值与土壤含水量呈明显的负相关关系。

TVDI 模型中相应的参数可以通过遥感数据反演直接求得,方法也十分简便,反演精度较高,但这种方法与土壤类型和地表植被类型密切相关,适用于植被覆盖度高的地区。

3.2.2　垂直干旱指数

3.2.2.1　垂直干旱指数的含义和特点

垂直干旱指数是一种基于地表光谱特征的地表土壤水分监测模型,适用于裸土及植被覆盖少的区域干旱监测。

3.2.2.2　垂直干旱指数的计算

植物叶面对蓝紫光和红光有较高的吸收率,对近红外有较高的反射率,水体在近红外和红光波段具有较低的反射率,在红光反射率和近红外反射率的光谱特征二维空间中,土壤可见红波段每取一个值就有一个最小的近红外波段与其相对应,这一组特征数据可以近似地表示为一条直线,即土壤线。詹志明和秦其明等(2006)在此基础上提出了垂直干旱指数,计算式如下

$$PDI = \frac{R_{\text{red}} + MR_{\text{nir}}}{\sqrt{M^2 + 1}} \tag{3-4}$$

式中：R_{red} 为可见光红光波段的反射率；R_{nir} 为近红外波段的反射率；M 为通过二维特征空间获取的土壤线的斜率。

红光和近红外波段的二维特征空间中任意一点到土壤线的距离可以表示土壤含水量情况,距离 L 越近表示水分含量越高,距离 L 越远表示水分含量越低。这种方法适用于植被覆盖度较低的地区,对 0 ~ 20 cm 的土壤水分反演结果较为准确。

3.2.3　修正垂直干旱指数

垂直干旱指数法适用于地表覆盖度不高的地区,如果将这种方法应用到植被覆盖度较高的夏季的农田,反演结果就会产生误差,为了将这种方法运用到植被覆盖度较高的地区就需要考虑植被覆盖度情况,所以为了提高模型的应用范围,提出了修正的垂直干旱指数法(MP-DI)：

$$MPDI = \frac{R_{\text{s,red}} + MR_{\text{s,nir}}}{\sqrt{M^2 + 1}} \tag{3-5}$$

将植被覆盖度引入其中,修正的垂直干旱指数可以写成如下表达

式

$$MPDI = \frac{R_{\text{red}} + MR_{\text{nir}} - f_{\text{v}}(R_{\text{v,red}} + MR_{\text{v,nir}})}{(1 - f_{\text{v}})\sqrt{M^2 + 1}} \quad (3\text{-}6)$$

式中：$R_{\text{v,red}}$ 为红光对植被反射率；$R_{\text{v,nir}}$ 为近红外波段对植被反射率，这两个指标可以通过实际测量的方式获取；f_{v} 为植被覆盖度，采用像元二分模型的方法计算当地的植被覆盖度情况。

　　由于垂直干旱指数方法并未考虑植被覆盖的影响，所以将植被覆盖度引入其中，结合垂直干旱指数中所求得的参数进行进一步的反演计算，获取修正的垂直干旱指数。在修正的垂直干旱指数法中需要野外测定红光与近红外光谱区域的植被反射率 $R_{\text{v,red}}$ 和 $R_{\text{v,nir}}$，在本次试验中我们选取植被覆盖度较高的区域的红光与近红外光谱区域的反射率代替，取 $R_{\text{v,red}}$ 值为 0.015 6，取 $R_{\text{v,nir}}$ 值为 0.206。

　　在 ENVI 中使用 Bandmath 对式（2-7）进行编辑，公式如下：

　　7 月 14 日：[b₃ + 1.479 6 * b₄ − b₁ * (0.015 6 + 1.479 6 * 0.206)]∕[(1 − b₁) * sqrt(1.479 6² + 1)]

　　8 月 23 日：[b₃ + 1.206 5 * b₄ − b₁ * (0.015 6 + 1.206 5 * 0.206)]∕[(1 − b₁) * sqrt(1.206 5² + 1)]

　　9 月 18 日：[b₃ + 1.128 6 * b₄ − b₁ * (0.0156 + 1.1286 * 0.206)]∕[(1 − b₁) * sqrt(1.128 6² + 1)]

其中，b₁ 表示植被覆盖度；b₃ 为环境卫星数据的红波段；b₄ 代表环境卫星数据的近红波段。

　　通过波段计算获得彰武地区的修正的垂直干旱指数，并使用 ROI 工具提取各监测点的修正垂直干旱指数。

3.2.4　遥感方法的选取

　　研究所选择的反演土壤含水量的方法应该选取使用实测指标少、计算参数易于获取、具有较好时效性的方法，使计算尽量不烦琐，提高反演的精度。由归一化植被指数和地表温度构成二维空间就可以得到温度植被干旱指数，将这两个参数特有的生理生态意义结合起来，减小了植被覆盖情况对研究区干旱监测引起的影响，使得监测具有更高的准确性和更好的实用性,这种方法所需要的参数不多且容易获得,在目前的干旱监测中较为常用。

　　研究区大部分种植玉米作物,玉米整个生长期需要 500 mm 的水分,拔节期至乳熟期的耗水量占整个生长期的 60% ~ 80%,而同期降水量远远小于其所需的水分。研究发现,利用不同干旱指数对半干旱地区进行干旱评价发现 7 ~ 8 月为干旱发生最严重的时间段,所以本书选取彰武地区 7 ~ 9 月进行干旱监测研究,此时间段中植被覆盖度较高,土壤含水量反演的影响因素较为复杂,在各种方法进行比较后选取温度植被干旱指数、垂直干旱指数和修正的垂直干旱指数方法反演彰武地区的土壤含水量。

参 考 文 献

[1] 辛景峰.区域旱情遥感监测研究[R].北京:中国科学院遥感应用研究所,2003.

[2] 杨鹤松,王鹏新,孙威.条件植被温度指数在华北平原干旱监测中的应用[J].北京师范大学学报(自然科学版),2007,43(3):314-318.

[3] 姚春生,张增祥,汪潇.使用温度植被干旱指数法(TVDI)反演新疆土壤湿度[J].遥感技术与应用,2009,19(6):473-478.

[4] 詹志明,秦其明,阿布都瓦斯提·吾拉木,等.基于 NIR – Red 光谱特征空间的土壤水分监测新方法[J].中国科学,2006,36(11):1020-1026.

[5] 钟仕全,罗永明,莫建飞,等.环境减灾卫星数据在干旱监测中的应用[J].中国农业气象,2011,32(4):593-597.

[6] 周磊,武建军,张洁.以遥感为基础的干旱监测方法研究进展[J].地理科学,2015,35(5):630-636.

[7] 吴金亮,王玉成,杨国范.基于条件温度植被指数的土壤水分反演研究[J].节水灌溉,2014(7):16-18,21.

[8] 孙威,王鹏新,韩丽娟,等.条件植被温度指数干旱监测方法的完善[J].农业工程学报,2006,22(2):22-26.

[9] 齐述华,王长耀,牛铮.利用温度植被旱情指数(TVDI)进行全国旱情监测研究[J].遥感学报,2003,7(5):420-427.

[10] 冯强,田国良,王昂生.基于植被状态指数的土壤湿度遥感方法研究[J].自

然灾害学报,2014,13(3):81-88.

[11] 管晓丹,郭铌,黄建平.植被状态指数监测西北干旱的适用性分析[J].高原气象,2008,27(5):1046-1053.

[12] 周磊,武建军,张洁.以遥感为基础的干旱监测方法研究进展[J].地理科学,2015,35(5):631-632.

[13] 伍漫春,丁建丽,王高峰.基于地表温度 - 植被指数特征空间的区域土壤水分反演[J].中国沙漠,2012,332(1):148-154.

[14] 赵莉荣,武伟,刘洪斌,等.基于温度植被干旱指数法的农业干旱研究[J].西南师范大学学报(自然科学版),2009,34(2):80-84.

[15] 王鹏新,龚健雅,李小文,等.基于植被指数和土地表面温度的干旱监测模型[J].地球科学进展,2003,34(4):527-533.

[16] 张学艺,李剑萍,秦其明,等.几种干旱监测模型在宁夏的对比应用[J].农业工程学报,2009,25(8):18-23.

第 4 章　遥感旱情监测模型

4.1　遥感旱情监测模型概述

　　参数计算为干旱评价指标的计算提供了数据支持,我国利用遥感数据反演土壤含水量的关系模型有很多,包括线性模型、指数模型、对数模型等,其中线性模型为最常用模型。通过研究区研究日的遥感影像数据反演得到的垂直干旱指数、修正的垂直干旱指数和温度植被指数与实测土壤含水量进行拟合分析,选取其中相关性最大的指标,并对相关模型的参数进行改进,建立其和土壤含水量数据的关系模型,进而得到适用于彰武地区土壤含水量反演模型。

4.2　土壤含水量反演模型对比

4.2.1　垂直干旱指数法

　　植物叶片组织对红光和蓝紫光的吸收率不同,前者要高于后者,此外对近红外波段显示出较高的反射率。而水体不管是在近红外还是红光波段的反射率都不高,在此基础上提出基于 Nir – Red 构建的二维空间提取土壤线,在特征空间中点到土壤线的距离即表示土壤的干旱情况。在 ENVI 中打开遥感影像使用 2D Scatter Plot 工具,以近红外反射率数据为 y 轴,以红光反射率数据为 x 轴建立特征空间,然后提取出特征空间中的下边界,即为土壤线。特征空间及提取的土壤线如图 4-1 所示。

　　经过手动提取的土壤线方程见表 4-1。

　　根据土壤线方程提取土壤线斜率 M 值,计算垂直干旱指数,利用 Bandmath 工具对垂直干旱指数式(3-4)进行编辑计算,获取垂直干旱指数分布图,利用 ROI 工具将试验点导入,提取出研究点的垂直干旱指数与试验获得的土壤含水量数据进行拟合,得到散点图,并获取其趋势线,如图 4-2 所示。

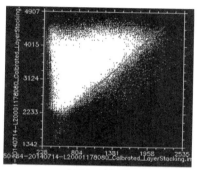

(a)2014年7月14日

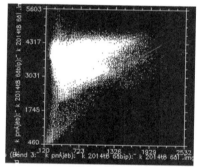

(b)2014年8月6日

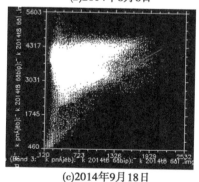

(c)2014年9月18日

图 4-1　红外和热红外光谱的二维特征空间

表 4-1　　土壤线方程

时间	土壤线方程
7 月 14 日	$nir = 1.479\ 6red + 1\ 315.6$
8 月 6 日	$nir = 1.206\ 5red + 1\ 807.6$
9 月 18 日	$nir = 1.128\ 6red + 993.5$

4.2.2　修正的垂直干旱指数法

由于垂直干旱指数方法并未考虑植被覆盖的影响,所以将植被覆盖度引入其中,结合垂直干旱指数中所求得的参数进行进一步的反演计算,获取修正的垂直干旱指数。在修正的垂直干旱指数法中需要野外测定红光与近红外光谱区域的植被反射率 $R_{v,red}$ 和 $R_{v,nir}$,在本次试验中选取植被覆盖度较高区域的红光与近红外光谱区域的反射率代替,取 $R_{v,red}$ 值为 0.015 6,取 $R_{v,nir}$ 值为 0.206。

在 ENVI 中使用 Bandmath 对公式(2-7)进行编辑,公式如下:

7 月 14 日: $[b_3 + 1.479\ 6 * b_4 - b_1 * (0.015\ 6 + 1.479\ 6 * 0.206)]/[(1 - b_1) * sqrt(1.479\ 6^2 + 1)]$

8 月 23 日: $[b_3 + 1.206\ 5 * b_4 - b_1 * (0.015\ 6 + 1.206\ 5 * 0.206)]/[(1 - b_1) * sqrt(1.206\ 5^2 + 1)]$

9 月 18 日: $[b_3 + 1.128\ 6 * b_4 - b_1 * (0.015\ 6 + 1.128\ 6 * 0.206)]/[(1 - b_1) * sqrt(1.128\ 6^2 + 1)]$

其中:b_1 为植被覆盖度;b_3 为环境卫星数据的红波段;b_4 为环境卫星数据的近红波段。

通过波段计算获得彰武地区修正垂直干旱指数,并使用 ROI 工具提取各监测点的修正垂直干旱指数,提取的垂直干旱指数与土壤含水量的散点图拟合情况见图 4-3。

4.2.3　温度植被干旱指数法

地表温度与植被指数呈现出负相关的关系,当研究区的土壤含水量从小变大,植被覆盖度由低到高时,研究区的 NDVI – T_s 特征空间的散点图可以近似地看作三角形或梯形,如图 4-4 所示。AD 为干边,表

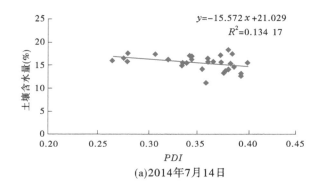

(a)2014年7月14日

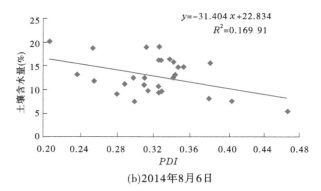

(b)2014年8月6日

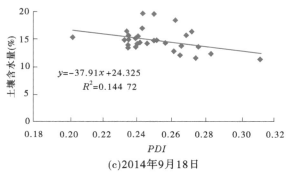

(c)2014年9月18日

图 4-2　垂直干旱指数与土壤含水量拟合图

示较为干旱的地区,可以看出在干边上的点地表温度会随着归一化植被指数的增加而降低;BC 为湿边,表示在此条线上的像元点土壤含水量较高。

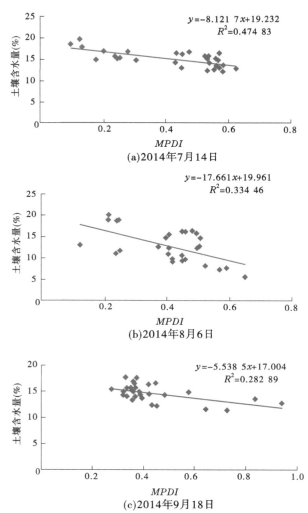

图 4-3　修正的垂直干旱指数与土壤含水量拟合图

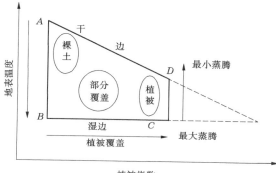

A 点代表的为无植被覆盖的干燥土壤;B 点代表无植被覆盖的湿润土壤;C 点表示植被覆盖度高的湿润土壤,这种情况下植被受到的蒸腾作用比较强;D 点表示植被覆盖度高的干旱地区

图 4-4　NDVI – Tₛ 特征空间解析图

　　在 ENVI 中首先使用 Layer Stacking 工具对反演得到的地表温度和归一化植被指数数据进行图层叠加,再使用 2D Scatter plot 工具绘制彰武地区的 NDVI – Tₛ 特征空间散点图,提取其干、湿边。其中 a 线表示干边,b 线代表湿边,研究日干、湿边提取情况如图 4-5 所示。

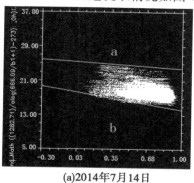

(a)2014年7月14日

图 4-5　干、湿边提取情况

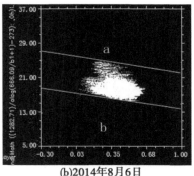

(b)2014年8月6日

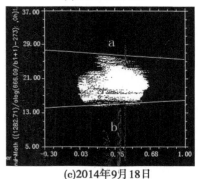

(c)2014年9月18日

续图 4-5

图 4-5 中横轴为归一化植被指数,纵轴为地表温度,在实际的散点图中干、湿边的边界并非完全呈直线状,实际上常常体现为凹凸的形状,主要因为研究区为干旱地区,从遥感影像之中的像元不能完全覆盖从干旱地区到湿润地区的所有区间,干边的土壤含水量也不能表示该像元的土壤含水量为 0,湿边上的点土壤含水量也不能达到 100% ,所以必须对二维空间中的点进行拟合得到合适的干、湿边方程。

根据分析,得到 NDVI – T_s 特征空间中的温度最大值和最小值,及其对应的归一化植被指数值并分别进行线性拟合就可以得到干、湿边方程,其拟合得到的干、湿边方程如表 4-2 所示。

根据 TVDI 的原理,提取出由最大地表温度组成的"干边"和最小温度组成的"湿边",由于不同时间的地表温度和植被覆盖度都大不相同,所以提取出的干、湿边方程都不相同。在 ENVI 中使用 Bandmath 工具将获得的干、湿边方程的回归系数代入温度植被干旱指数的计算公式中,进行波段运算,计算求取 TVDI 值,提取采样点的 TVDI 值与土壤含水量进行拟合,各研究日的散点及拟合线如图4-6所示。

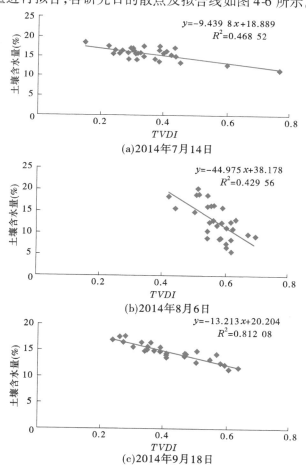

(a)2014年7月14日

(b)2014年8月6日

(c)2014年9月18日

图4-6　温度植被指数与土壤含水量拟合图

表 4-2 干、湿边方程式

时间	干边	湿边
7 月 14 日	$LST = -0.625NDVI + 26.1$	$LST = -3.124NDVI + 19.8$
8 月 6 日	$LST = 0.213NDVI + 27.36$	$LST = -3.393NDVI + 17.8$
9 月 18 日	$LST = -1.71NDVI + 27.13$	$LST = 1.62NDVI + 14.43$

通过对以上三种方法拟合分析可知,垂直干旱指数、修正的垂直干旱指数、温度植被干旱指数与土壤含水量的判定系数 R^2 分别在 0.15 左右、0.3 左右和 0.45 左右,不同月份的温度植被干旱指数与土壤含水量的拟合相关性均比其他两种高,拟合波动性也比其他两种方法小,所以在研究区选取温度植被干旱指数作为基本模型进行干旱反演的效果较为理想。从研究中可以发现土壤含水量与 TVDI 呈负相关关系。虽然 TDVI 与土壤含水量不能完全匹配,但二者的相关性较强,利用 TDVI 值监测距地表 10 cm 处的土壤含水量的准确性最高。

4.2.4 DI 干旱情况分析

通过公式计算反演得到的 2014 年 7~9 月的 TVDI 计算值,选用齐述华以 TVDI 值为评价指标对干旱情况进行评定的方法,将干旱的程度划分为湿润、正常、轻旱、中旱和重旱五级,根据旱情划分标准利用 ENVI 中的密度分割工具进行干旱区域划分,TVDI 取值为 0~1,每 0.2 划分为一个等级,TVDI 值越小表示干旱情况越严重,由此可以得到彰武地区 2014 年 7 月 14 日、8 月 6 日和 9 月 18 日的以 TVDI 为指标的干旱等级分布(见图 4-7),通过分析统计获得这 3 天的旱情分布比例见表 4-3。

(a)2014年7月14日

(b)2014年8月6日

(c)2014年9月18日

图 4-7　彰武县 2014 年研究日干旱等级分布(*TVDI*)

表4-3　彰武县2014年研究日TVDI干旱等级统计

干旱等级	湿润	正常	轻旱	中旱	重旱
7月14日	7.56	54.78	26.42	9.28	2.40
8月6日	0.13	4.32	50.20	33.16	12.19
9月18日	1.56	29.99	36.81	22.15	9.49

　　从宏观上看,TVDI 分布情况与研究区的下垫面情况相一致,植被覆盖度低的地区有较高的温度植被干旱指数值,所以土壤含水量偏低,干旱情况较为严重。当 TVDI 值为 0.4~0.8 时,土壤呈现干旱状态;在植被覆盖度较高的地方,TVDI 值比较低,土壤含水量正常;河流滩地地区的 TVDI 值为 0~0.2,土壤较为湿润。在地形上彰武地区北部海拔要比彰武南部的高,东北部为山体,大部分地表为石山和砂山,且伴随山体还有大面积的裸地,地表覆盖度较小,土壤水分蒸发较快,在反演结果中表征出大面积严重干旱的状况,受山体和裸露土地的影响,彰武东北地区出现严重干旱现象,特别是 9 月干旱情况尤为明显,但这种现象是由于石质山体影响形成的伪严重干旱,并不能表示真正出现了严重干旱,所以在后期的研究中对这一模型进行修正。

　　为了更好地了解彰武地区研究期间的干旱情况,结合 ArcGIS 软件对旱情监测结果进行统计分析,分析结果见表4-3。

4.3　基于增强植被指数的 TVDI 模型构建及土壤含水量的反演

4.3.1　模型的构建

　　在温度植被干旱指数法中,只使用了归一化植被指数与温度作为参数,在其模型理论中,归一化植被指数应作为植被的生长指标,只反映植被的长势情况。在实际应用中遥感影像往往会受到大气、土壤状况和植被情况的影响,其中一个影响因素的增加或减少可能会导致另一个影响因素发生不可预测的变化。在前文可以发现引入植被覆盖度的修正的垂直干旱指数构建的模型要比没有这一指标的垂直干旱指数反演的土壤含水量的拟合结果相关性更高。所以,在这里引入增强型植被指数以消除这些因素的影响从而改善模型的精度,这一指数可以使模型在植被覆盖度不同的条件下对土壤含水量的响应更加敏感。由于研究区的土壤种类较多,在构建模型时会对反演结果产生影响,所以在选取此参数时考虑去除地表土壤状况的影响。

增强植被指数可以用以下的公式计算:

$$EVI = \frac{\rho_{nir} - \rho_{red}}{\rho_{nir} + C_1\rho_{red} - C_2\rho_{blue} + L}(1 + L) \tag{4-1}$$

式中:ρ_{nir} 为近红外波段即环境卫星第四波段的反射率;ρ_{red} 为可见红光波段即环境卫星第三波段的反射率;ρ_{blue} 为可见蓝光波段即环境卫星第一波段的反射率;C_1 为红光波段的大气修正参数,这里取值为 6;C_2 为蓝光波段的大气修正系数,取值为 7.5;L 为土壤调节参数,随着土壤调节系数的增大研究区的土壤状况对反演结果的影响会不断减小,所以在本书中 L 取 1,以忽略研究区土壤情况对反演结果的影响。

不同地区所适用的土壤含水量反演模型并不相同,通过上一节的简单对比发现 $TVDI$ 值与实测数据的相关性较高,使用 ENVI 软件中的波段运算工具计算增强植被指数,参考构建 NDVI - T_s 特征空间法求取 $TVDI$ 的计算过程,将其与地表温度数据 T_s 构建二维特征空间并提取干、湿边方程,计算改进的温度植被干旱指数。研究日各测点的改进的温度植被干旱指数及实测土壤含水量情况如表4-4 ~ 表4-6 所示。

采用 SPSS 软件对 7 月 14 日和 8 月 6 日的所有测点改进的温度植被指干旱指数数值与土壤含水量进行皮尔逊相关性分析,相关系数为 - 0.770,显著性为 0,在 0.01 水平上显著相关。将 $TVDI_{EVI}$ 作为自变量、土壤含水量作为因变量构建适合彰武地区的土壤含水量监测模型,进行线性拟合后得到线性方程:土壤含水量 $y = - 15.463TVDI_{EVI} + 21.422$,判定系数 R^2 为 0.592,利用 9 月 18 日的 $TVDI_{EVI}$ 值反演当日的土壤含水量进行精度验证。

表4-4　彰武县7月14日实测点的改进的温度植被干旱指数与实测土壤含水量

点号	北纬 (°)	东经 (°)	$TVDI_{EVI}$	实测含水量 (%)	点号	北纬 (°)	东经 (°)	$TVDI_{EVI}$	实测含水量 (%)
1	42.519 602	122.531 192	0.435 4	17.1	16	42.408 046	122.367 963	0.336 4	14.8
2	42.515 750	122.304 794	0.238 8	15.5	17	42.398 414	122.639 630	0.385 6	13.5
3	42.497 928	122.263 006	0.387 0	17.5	18	42.395 217	122.506 604	0.600 8	12.6
4	42.496 577	122.263 021	0.436 4	14.8	19	42.379 413	122.612 407	0.246 8	16.5
5	42.498 062	122.549 608	0.301 5	16.9	20	42.376 201	122.483 067	0.767 8	11.3
6	42.496 592	122.520 411	0.226 5	17.4	21	42.374 866	122.486 722	0.399 8	15.7
7	42.495 354	122.283 115	0.265 1	16.4	22	42.359 074	122.590 675	0.283 8	15.8
8	42.489 838	122.520 463	0.295 7	17.1	23	42.357 281	122.481 401	0.336 0	17.6
9	42.478 075	122.626 398	0.422 9	15.3	24	42.355 938	122.483 233	0.408 0	16.1
10	42.467 354	122.653 832	0.326 6	15.8	25	42.345 022	122.459 649	0.314 8	13.9
11	42.459 083	122.602 795	0.304 6	16.3	26	42.338 804	122.588 985	0.287 9	14.1
12	42.458 183	122.396 649	0.384 3	16.6	27	42.282 105	122.600 269	0.310 8	15.5
13	42.457 806	122.624 695	0.148 1	18.4	28	42.276 708	122.602 123	0.370 0	14.1
14	42.428 407	122.385 994	0.321 6	15.7	29	42.251 993	122.500 448	0.259 1	15.5
15	42.427 066	122.387 830	0.450 7	13.2					

表4-5　彰武县8月6日实测点的改进的温度植被干旱指数与实测土壤含水量

点号	北纬 (°)	东经 (°)	$TVDI_{EVI}$	实测含水量 (%)	点号	北纬 (°)	东经 (°)	$TVDI_{EVI}$	实测含水量 (%)
1	42.519 602	122.531 192	0.541 2	16.04	16	42.408 046	122.367 963	0.601 7	7.35
2	42.515 750	122.304 794	0.563 8	16.25	17	42.398 414	122.639 630	0.624 6	5.41
3	42.497 928	122.263 006	0.426 7	15.42	18	42.395 217	122.506 604	0.605 9	7.45
4	42.496 577	122.263 021	0.440 3	14.62	19	42.379 413	122.612 407	0.589 3	8.13
5	42.498 062	122.549 608	0.551 5	12.42	20	42.376 201	122.483 067	0.621 3	12.51
6	42.496 592	122.520 411	0.633 4	12.91	21	42.374 866	122.486 722	0.587 8	12.32
7	42.495 354	122.283 115	0.695 6	9.06	22	42.359 074	122.590 675	0.675 4	10.59
8	42.489 838	122.520 463	0.547 6	9.69	23	42.357 281	122.481 401	0.562 7	12.88
9	42.478 075	122.626 398	0.513 7	20.05	24	42.355 938	122.483 233	0.596 2	15.62
10	42.467 354	122.653 832	0.516 3	18.75	25	42.345 022	122.459 649	0.503 4	14.62
11	42.459 083	122.602 795	0.515 5	18.8	26	42.338 804	122.588 985	0.611 8	9.3
12	42.458 183	122.396 649	0.547 3	18.61	27	42.282 105	122.600 269	0.627 7	10.86
13	42.457 806	122.624 695	0.542 5	9.5	28	42.276 708	122.602 123	0.603 2	11.05
14	42.428 407	122.385 994	0.586 4	9.64	29	42.251 993	122.500 448	0.573 8	11.67
15	42.427 066	122.387 830	0.555 2	16.19					

表 4-6　彰武县 9 月 18 日实测点的改进的温度植被干旱指数与实测土壤含水量

点号	北纬 (°)	东经 (°)	$TVDI_{EVI}$	实测 含水量 (%)	点号	北纬 (°)	东经 (°)	$TVDI_{EVI}$	实测 含水量 (%)
1	42.519 602	122.531 192	0.240 7	16.8	16	42.408 046	122.367 963	0.511 9	14.8
2	42.515 750	122.304 794	0.645 0	11.5	17	42.398 414	122.639 630	0.355 1	15.6
3	42.497 928	122.263 006	0.473 2	14.3	18	42.395 217	122.506 604	0.589 8	12.4
4	42.496 577	122.263 021	0.509 0	12.7	19	42.379 413	122.612 407	0.420 2	13.6
5	42.498 062	122.549 608	0.413 6	13.9	20	42.376 201	122.483 067	0.364 7	16.3
6	42.496 592	122.520 411	0.414 4	13.5	21	42.374 866	122.486 722	0.394 5	14.8
7	42.495 354	122.283 115	0.478 8	14.2	22	42.359 074	122.590 675	0.415 7	14.3
8	42.489 838	122.520 463	0.615 4	11.3	23	42.357 281	122.481 401	0.345 1	14.8
9	42.478 075	122.626 398	0.333 9	16.4	24	42.355 938	122.483 233	0.394 1	15.5
10	42.467 354	122.653 832	0.353 4	15.1	25	42.345 022	122.459 649	0.471 8	13.9
11	42.459 083	122.602 795	0.308 6	15.6	26	42.338 804	122.588 985	0.280 9	17.6
12	42.458 183	122.396 649	0.601 5	12.1	27	42.282 105	122.600 269	0.375 3	14.8
13	42.457 806	122.624 695	0.273 4	16.5	28	42.276 708	122.602 123	0.263 1	17.5
14	42.428 407	122.385 994	0.576 1	14.2	29	42.251 993	122.500 448	0.394 9	15.3
15	42.427 066	122.387 830	0.554 6	13.2					

4.3.2　精度验证

精度验证是用遥感方法反演地区的土壤含水量研究中十分重要的一部分,它直接影响反演模型的应用质量。研究中运用在研究区地表实测的土壤含水量均值与反演得到的整个研究区的平均土壤含水量进行精度验证。使用 9 月 18 日的改进的温度植被指数值和实测土壤水分数据对模型进行检验分析,模型的均值为 13.24%,实测土壤含水量的均值为 14.57%,标准差为 1.800,协方差为 3.242,均方误 RMSE 为 0.828。由此可以看出,使用增强植被指数替代归一化植被指数构建 TVDI 模型能够消除地表土壤类型的影响,提高模型的精确度,增加模型在不同土壤类型下的实用性。9 月 18 日各测点的误差状况见表 4-7。

表 4-7　彰武县 9 月 18 日土壤含水量实测值与反演值分析

点号	实测含水量（%）	反演含水量（%）	绝对误差	相对误差（%）	点号	实测含水量（%）	反演含水量（%）	绝对误差	相对误差（%）
1	16.8	17.58	0.78	4.64	16	14.8	13.25	1.55	10.47
2	11.5	11.12	0.38	3.30	17	15.6	15.75	0.15	0.96
3	14.3	13.87	0.43	3.01	18	12.4	12.00	0.40	3.23
4	12.7	13.29	0.59	4.65	19	13.6	14.71	1.11	8.16
5	13.9	14.82	0.92	6.62	20	16.3	15.60	0.70	4.29
6	13.5	14.80	1.30	9.63	21	14.8	15.12	0.32	2.16
7	14.2	13.78	0.42	2.96	22	14.3	14.78	0.48	3.36
8	11.3	11.59	0.29	2.57	23	14.8	15.91	1.11	7.50
9	16.4	16.09	0.31	1.89	24	15.5	15.13	0.37	2.39
10	15.1	15.78	0.68	4.50	25	13.9	13.89	0.01	0.07
11	15.6	16.49	0.89	5.71	26	17.6	16.94	0.66	3.75
12	12.1	11.82	0.28	2.31	27	14.8	15.43	0.63	4.26
13	16.5	17.06	0.56	3.39	28	17.5	17.22	0.28	1.60
14	14.2	12.22	1.98	13.94	29	15.3	15.12	0.18	1.18
15	13.2	12.57	0.63	4.77					

　　通过反演值与实测值的相对误差状况可以看出,利用改进的温度植被干旱指数的最大误差值仅有 13.94% ,最小误差仅有 0.07% 。其中,误差超过 10% 的样点仅有 2 个,占测试总样本的 7% ,反演的精度相对较高。

　　以实测土壤含水量的均值和反演的土壤含水量的均值为评价指标对模型精度进行评价,研究中模型的应用精度可到达 85% 以上,考虑到本次反演中最终的影像结果的像元尺度为 300 m,实测点的土壤含水量状况和其他气象因素会有差异,此次反演的土壤含水量结果可以满足需求,它对于研究日的反演精度情况见表 4-8。

表 4-8　土壤含水量反演精度

日期	实测土壤含水量均值（%）	反演土壤含水量均值（%）	绝对误差	相对误差（%）	精度（%）
7 月 14 日	15.55	14.17	1.33	8.56	91.44
8 月 6 日	12.70	10.87	1.83	14.41	85.59
9 月 18 日	14.57	13.24	1.33	9.13	90.17

4.4　基于 Landsat8 两种指标方法的模型构建

　　土壤含水量是评价地区干旱状况中常用的指标,通过该指标可以反映植被生态环境的状况,植物在整个生长过程中所需的水分和营养成分均由土壤提供。土壤肥力中土壤水分是重要组成因子,土壤水分作为旱情监测的重要指标与旱情监测指标结合能较好地表征某一地区的干旱情况。土壤含水量作为表征土壤水分含量的指标之一,能够较好地反映土壤湿度和植物水分亏缺状况。本章主要是对土壤含水量与温度植被指数和垂直干旱指数法模型的构建,通过模型进而得到该地区的干旱情况。

4.4.1　基于温度植被指数法的旱情监测模型构建

　　旱情遥感监测数据源较多,不同数据源的优缺点各异。Landsat8 OLI 及 TIRS 系列数据的对外开放极大地提高了该遥感卫星的利用率,同时也扩大了其应用范围,使得 Landsat8 卫星广泛地应用于各个领域。该卫星影像图为大区域干旱情况的监测提供了新的数据源,而运用 Landsat8 数据源进行旱情监测的全面研究相对较少。彰武地区地处辽西北,干旱情况较为典型,本书针对该地区充分考虑温度与植被因素对干旱的影响采用温度植被指数法对旱情监测模型进行构建。

　　土壤湿度等值线的斜率与土壤湿度存在一次函数关系,如图 4-8

所示,据此提出植被缺水指标—温度植被干旱指数

$$TVDI = \frac{T_s - T_{\min}}{T_{\max} - T_{\min}} \qquad (4\text{-}2)$$

式中: T_s 表示任意像元的地表温度; $T_{\min}$ 表示 NDVI 对应的最小地表温度,代表的是湿边; $T_{\max}$ 表示 NDVI 对应的最大地表温度,代表的是干边。

在干边上 $TVDI = 1$,而在湿边上 $TVDI = 0$。其中在式(4-2)中, $T_{\min}$ 和 $T_{\max}$ 与 NDVI 之间存在着线性关系:

$$T_{s\min} = a + b \times NDVI \qquad (4\text{-}3)$$

$$T_{s\max} = c + d \times NDVI \qquad (4\text{-}4)$$

式中: a、b、c、d 分别为湿边线和干边线的拟合系数。

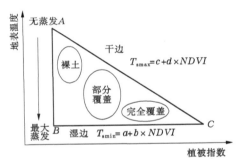

(a)NDVI–T$_s$特征空间示意图

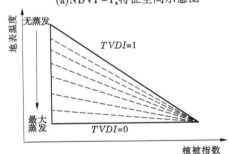

(b)土壤湿度等值线图

图 4-8　NDVI–T$_s$特征空间和土壤湿度等值线

根据图4-8可知,在以植被指数为 x 轴、地表温度为 y 轴的坐标图中,构成了关于二者的空间特征,图中三角形区域内部包含三种情况:裸土、部分覆盖和完全覆盖。平行于 x 轴的直角边即为湿边,斜边为干边。图中三个交点为三种极限情况。

地表温度越接近湿边,TVDI 越小,说明土壤含水量越高。相反,地表温度越接近干边,TVDI 越大,表示土壤干旱情况越严重。即 *TVDI* 越大土壤干旱越严重,反之土壤湿度越低。

根据公式,首先提取由最大地表温度组成的"干边"和由最小温度组成的"湿边",基于不同时间的植被覆盖度和地表温度都不相同,因此提取出的干、湿边方程也都不相同。本书提取的干湿边方程为

$$LAT = -16.667NDVI + 37.503$$
$$LST = 1.042NDVI + 17.166$$

TVDI 反演值见表4-9,*TVDI* 与土壤含水量拟合数据见表4-10。

表4-9 *TVDI* 反演值

采样点	东经(°)	北纬(°)	6月 *TVDI* 值
兴隆堡1	122.608 611	42.453 889	0.572
兴隆堡3	122.607 5	42.453 333	0.728
兴隆堡4	122.608 056	42.453 056	0.650
冯家镇1	122.507 5	42.531 111	0.453
冯家镇2	122.508 333	42.531 389	0.558
冯家镇3	122.508 056	42.532 5	0.624
冯家镇4	122.507 222	42.532 222	0.529
丰田乡1	122.268 056	42.491 667	0.743
丰田乡2	122.267 5	42.491 667	0.729
丰田乡3	122.267 222	42.492 5	0.680
丰田乡4	122.268 056	42.492 778	0.697
西六家子乡1	122.636 389	42.251 389	0.675
西六家子乡2	122.637 222	42.250 833	0.825
西六家子乡3	122.638 056	42.251 111	0.730
西六家子乡4	122.636 944	42.251 944	0.716

表4-10 *TVDI* 与土壤含水量拟合数据

采样点	东经(°)	北纬(°)	6月 *TVDI* 值	土壤含水量 (10 cm)	土壤含水量 (20 cm)	土壤含水量 (30 cm)
兴隆堡1	122.608 611	42.453 889	0.572	0.119	0.113	0.148
兴隆堡2	122.607 5	42.454 167	0.780	0.115	0.132	0.132
兴隆堡3	122.607 5	42.453 333	0.728	0.124	0.131	0.133
兴隆堡4	122.608 056	42.453 056	0.650	0.12	0.12	0.139
冯家镇1	122.507 5	42.531 111	0.453	0.133	0.13	0.138
冯家镇2	122.508 333	42.531 389	0.558	0.147	0.153	0.149
冯家镇3	122.508 056	42.532 5	0.624	0.152	0.173	0.195
冯家镇4	122.507 222	42.532 222	0.529	0.145	0.169	0.194
丰田乡1	122.268 056	42.491 667	0.743	0.118	0.13	0.126
丰田乡2	122.267 5	42.491 667	0.729	0.122	0.137	0.133
丰田乡3	122.267 222	42.492 5	0.680	0.138	0.127	0.123
丰田乡4	122.268 056	42.492 778	0.697	0.104	0.105	0.102
西六家子乡1	122.636 389	42.251 389	0.675	0.07	0.078	0.092
西六家子乡2	122.637 222	42.250 833	0.825	0.064	0.066	0.067
西六家子乡3	122.638 056	42.251 111	0.730	0.075	0.111	0.073
西六家子乡4	122.636 944	42.251 944	0.716	0.097	0.098	0.092

将在 ENVI 中使用 Bandmath 工具获得的干湿边方程的回归系数分别代入温度植被干旱指数的计算公式之中,然后进行波段运算,求得 *TVDI* 值,将采样点的 *TVDI* 值与土壤含水量进行拟合,得到的拟合图见图 4-9。

由土壤含水量与 *TVDI* 的拟合结果可知,温度植被干旱指数分别与 10 cm、20 cm、30 cm 深度的土壤含水量拟合效果较差,其中与 30 cm 土壤含水量的拟合效果较好,其复相关系数为 0.383 7。

TVDI 值与土壤含水量的显著性见表 4-11。

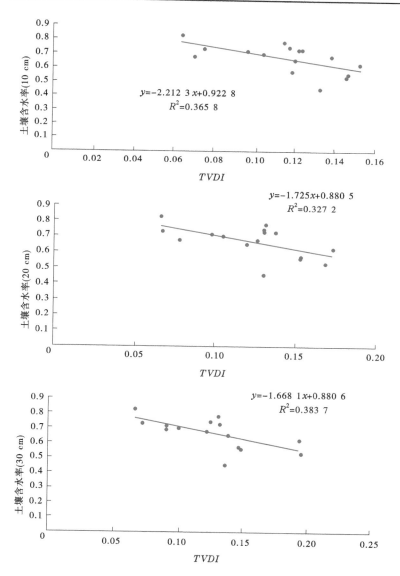

图 4-9　不同深度土壤含水量与 *TVDI* 值拟合图

表 4-11　*TVDI* 值与土壤含水量的显著性

项目	显著性验检	土壤含水量（10 cm）	6 月 *TVDI* 值	土壤含水量（20 cm）	土壤含水量（30 cm）
土壤含水量（10 cm）	Pearson 相关性	1	−0.619 *	0.920 * *	0.857 * *
	显著性（双侧）		0.011	0.000	0.000
	N	16	16	16	16
6 月 *TVDI* 值	Pearson 相关性	−0.619 *	1	−0.575 *	−0.647 * *
	显著性（双侧）	0.011		0.020	0.007
	N	16	16	16	16
土壤含水量（20 cm）	Pearson 相关性	0.920 * *	−0.575 *	1	0.957 * *
	显著性（双侧）	0.000	0.020		0.000
	N	16	16	16	16
土壤含水量（30 cm）	Pearson 相关性	0.857 * *	−0.647 * *	0.957 * *	1
	显著性（双侧）	0.000	0.007	0.000	
	N	16	16	16	16

注：* 在 0.05 水平（双侧）上显著相关；* * 在 0.01 水平（双侧）上显著相关。

利用 SPSS 软件对二者的显著性进行分析，表 4-11 分析结果表明，土壤深度为 10 cm 和 20 cm 的土壤含水量与 *TVDI* 在 0.05 水平上显著相关，而深度为 30 cm 的土壤含水量与 *TVDI* 在 0.01 水平上显著相关。

4.4.2　基于垂直干旱指数法的旱情监测模型构建

运用垂直干旱指数进行旱情监测主要是考虑到该指数取决于土壤线。由于彰武地区土壤类型较多，而土壤线是随着土壤类型的变化而变化。通常情况下,每一种土壤类型对应一条土壤线。选取垂直干旱指数作为模型构建的指标之一是充分考虑了不同土壤类型。运用该指标的相关研究丰富充足,垂直干旱指数计算简便。同时计算所涉及的参数能够精准快速地获取,使该模型广泛地被应用于干旱监测的研究中。由于遥感中近红外波段是绿色植物叶子健康情况最灵敏的反应标志,它对植被差异及植物长势反应最为敏感,指示着植物光合作用是否正常进行;可见光红外波段在绿色植物光合作用过程中能够被植物叶片中的叶绿素强烈吸收。因此,近红外波段和红色波段的不同形式组合构成了植被指数的核心,即通常利用遥感影像的这两个最典型波段值的不同形式组合,组成植被指数。一般情况下,在构建植被指数时,通常的做法就是利用植物光谱中的近红外波段(NIR)和可见光红色波段(R)这两个最典型的波段值构建二维特征空间(见图 4-10)。垂直干旱指数计算公式如下

$$PDI = \frac{R_{\text{red}} + MR_{\text{nir}}}{\sqrt{M^2 + 1}} \tag{4-5}$$

式中:R_{red} 为可见光红光波段的反射率;R_{nir} 为近红外波段的反射率;M 为通过二维特征空间获取的土壤线的斜率。

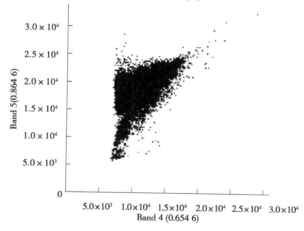

图 4-10　2016 年 6 月 16 日 NIR - R 二维特征空间

经过手动提取的土壤线方程为 $NIR = 1.512\,2R + 101.6$。

PDI 反演值见表4-12。PDI 与土壤含水量拟合数据见表4-13。

表 4-12 PDI 反演值

采样点	东经(°)	北纬(°)	6 月 PDI 值
兴隆堡 1	122.608 611	42.453 889	0.227
兴隆堡 2	122.607 5	42.454 167	0.215
兴隆堡 3	122.607 5	42.453 333	0.206
兴隆堡 4	122.608 056	42.453 056	0.228
冯家镇 1	122.507 5	42.531 111	0.208
冯家镇 2	122.508 333	42.531 389	0.198
冯家镇 3	122.508 056	42.532 5	0.197
冯家镇 4	122.507 222	42.532 222	0.217
丰田乡 1	122.268 056	42.491 667	0.208
丰田乡 2	122.267 5	42.491 667	0.219
丰田乡 3	122.267 222	42.492 5	0.225
丰田乡 4	122.268 056	42.492 778	0.229
西六家子乡 1	122.636 389	42.251 389	0.233
西六家子乡 2	122.637 222	42.250 833	0.225
西六家子乡 3	122.638 056	42.251 111	0.225
西六家子乡 4	122.636 944	42.251 944	0.232

表 4-13　*PDI* 与土壤含水量拟合数据

采样点	东经 （°）	北纬 （°）	6 月 *PDI* 值	土壤含水量 （10 cm）	土壤含水量 （20 cm）	土壤含水量 （30 cm）
兴隆堡 1	122.608 611	42.453 889	0.227	0.119	0.113	0.148
兴隆堡 2	122.607 5	42.454 167	0.215	0.115	0.132	0.132
兴隆堡 3	122.607 5	42.453 333	0.206	0.124	0.131	0.133
兴隆堡 4	122.608 056	42.453 056	0.228	0.12	0.12	0.139
冯家镇 1	122.507 5	42.531 111	0.208	0.133	0.13	0.138
冯家镇 2	122.508 333	42.531 389	0.198	0.147	0.153	0.149
冯家镇 3	122.508 056	42.532 5	0.197	0.152	0.173	0.195
冯家镇 4	122.507 222	42.532 222	0.217	0.145	0.169	0.194
丰田乡 1	122.268 056	42.491 667	0.208	0.118	0.13	0.126
丰田乡 2	122.267 5	42.491 667	0.219	0.122	0.137	0.133
丰田乡 3	122.267 222	42.492 5	0.225	0.138	0.127	0.123
丰田乡 4	122.268 056	42.492 778	0.229	0.104	0.105	0.102
西六家子乡 1	122.636 389	42.251 389	0.233	0.07	0.078	0.092
西六家子乡 2	122.637 222	42.250 833	0.225	0.064	0.066	0.067
西六家子乡 3	122.638 056	42.251 111	0.225	0.075	0.111	0.073
西六家子乡 4	122.636 944	42.251 944	0.232	0.097	0.098	0.092

　　运用 ENVI 软件中的 Bandmath 工具将提取出来的土壤线方程代入垂直干旱指数公式中进行编辑计算,获取垂直干旱指数的分布图,然后将研究区的采样点导入垂直干旱指数中,将获得的采样点的垂直干旱指数数据与野外实测的土壤含水量数据进行拟合,得到关于二者的散点图,并添加趋势线。二者的散点图如图 4-11 所示。

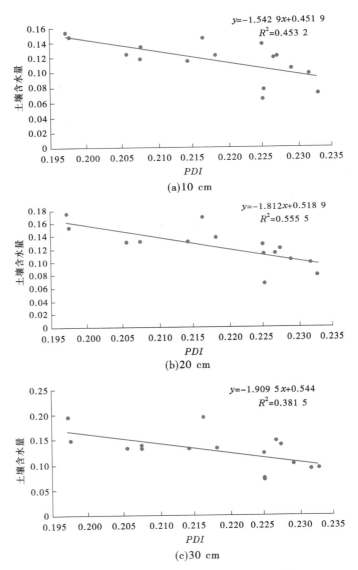

(a)10 cm

(b)20 cm

(c)30 cm

图 4-11　6 月不同深度土壤含水量与 PDI 拟合图

　　由 PDI 反演数据与土壤含水量的拟合结果(见表 4-14)可知,深度 20 cm 的土壤含水量拟合效果最好,复相关系数为 0. 555 5,其次是与 10 cm 深度的土壤含水量拟合效果为 0. 453 2,与 30 cm 深度的土壤含水量拟合效果较差。

表 4-14　PDI 与土壤含水量显著性

项目	显著性验检	6 月 PDI	土壤含水量(10 cm)	土壤含水量(20 cm)	土壤含水量(30 cm)
6 月 PDI	Pearson 相关性	1	− 0. 624 * *	− 0. 702 * *	− 0. 610 *
	显著性(双侧)		0. 010	0. 002	0. 012
	N	16	16	16	16
土壤含水量(10 cm)	Pearson 相关性	− 0. 624 * *	1	0. 895 * *	0. 869 * *
	显著性(双侧)	0. 010		0. 000	0. 000
	N	16	16	16	16
土壤含水量(20 cm)	Pearson 相关性	− 0. 702 * *	0. 895 * *	1	0. 874 * *
	显著性(双侧)	0. 002	0. 000		0. 000
	N	16	16	16	16
土壤含水量(30 cm)	Pearson 相关性	− 0. 610 *	0. 869 * *	0. 874 * *	1
	显著性(双侧)	0. 012	0. 000	0. 000	
	N	16	16	16	16

注:* * 表示在 0. 01 水平(双侧)上显著相关;* 表示在 0. 05 水平(双侧)上显著相关。

　　运用 SPSS 软件对土壤含水量和垂直干旱指数进行显著性分析,结果表明,土壤深度分别为 10 cm 和 20 cm 的土壤含水量与垂直干旱指数在 0. 01 水平上显著相关,深度为 30 cm 的土壤含水量与垂直干旱指数在 0. 05 水平上显著相关。

　　综上所述,垂直干旱指数与土壤含水量的拟合结果要好于土壤含水量与 TVDI 的拟合结果,因此基于垂直植被指数法的旱情监测模型更适用于彰武地区的旱情监测。

4.4.3　旱情监测模型对比分析

　　对 2016 年 6 月 16 日的卫星影像图进行温度植被指数和基于 NIR – Red 特征空间的垂直干旱指数法反演计算,将反演结果与土壤含水量进行拟合分析,可知,NDVI – T_s 特征空间法与土壤含水量构建的旱情监测模型的复相关系数均低于 0.5,即两者相关性并不明显,运用 SPSS 对二者显著性进行分析,在 0.05 水平上显著相关。而由构建的垂直干旱指数与土壤含水量旱情监测模型的复相关系数相对高于上述模型,显著性分析结果也高于温度植被指数法模型,其中深度 20 cm 的土壤含水量与垂直干旱指数的相关性最为显著,复相关系数为 0.555 5,在 0.01 水平上显著相关。通过对比分析,得出的结论为:以基于 NIR – Red 特征空间的垂直干旱指数法作为研究区的旱情监测方法能更好地对研究区进行旱情监测。

4.4.4　旱情监测模型验证

运用垂直干旱指数法旱情监测模型,将 4 月反演的 PDI 数据与土壤含水量进行拟合,通过 4 月的拟合效果验证该模型的精确性和实用性。基于垂直植被指数法的旱情监测模型主要是土壤线的提取,借助 ENVI 平台构建研究区 2016 年 4 月 29 日的红光波段与近红外波段的二维特征空间,见图 4-12,然后手动提取土壤线。

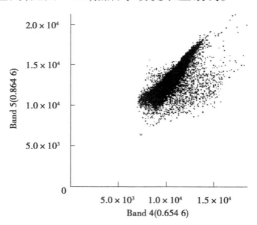

图 4-12　2016 年 4 月 29 日 NIR – R 二维特征空间

经过手动提取的土壤线为 $NIR = 1.041\ 7R - 40.5$。

PDI 反演值见表 4-15。垂直干旱指数模型见表 4-16。

表 4-15   PDI 反演值

采样点	东经(°)	北纬(°)	4 月 PDI 值
兴隆堡镇 1	122.608 611	42.453 889	0.17
兴隆堡镇 2	122.607 5	42.454 167	0.16
兴隆堡镇 3	122.607 5	42.453 333	0.17
兴隆堡镇 4	122.608 056	42.453 056	0.17
冯家镇 1	122.507 5	42.531 111	0.17
冯家镇 2	122.508 333	42.531 389	0.16
冯家镇 3	122.508 056	42.532 5	0.16
冯家镇 4	122.507 222	42.532 222	0.17
丰田乡 1	122.268 056	42.491 667	0.16
丰田乡 2	122.267 5	42.491 667	0.16
丰田乡 3	122.267 222	42.492 5	0.17
丰田乡 4	122.268 056	42.492 778	0.17
西六家子乡 1	122.636 389	42.251 389	0.19
西六家子乡 2	122.637 222	42.250 833	0.17
西六家子乡 3	122.638 056	42.251 111	0.18
西六家子乡 4	122.636 944	42.251 944	0.19

表 4-16   垂直干旱指数模型

土壤深度(cm)	10	20	30
垂直干旱指数模型	$y = -1.542\,9x + 0.451\,9$	$y = 1.181\,2x + 0.518\,9$	$y = -1.909\,5x + 0.544$

　　将土壤不同深度的垂直干旱指数反演数据代入相应的基于垂直干旱指数的模型,分别得到不同深度的土壤含水量,结果见表4-17。

表 4-17　　模型计算的土壤含水量(10 cm)

采样点	东经(°)	北纬(°)	4 月 PDI 值	土壤含水量模型计算
兴隆堡镇 1	122.608 611	42.453 889	0.17	0.07
兴隆堡镇 2	122.607 5	42.454 167	0.16	0.10
兴隆堡镇 3	122.607 5	42.453 333	0.17	0.10
兴隆堡镇 4	122.608 056	42.453 056	0.17	0.11
冯家镇 1	122.507 5	42.531 111	0.17	0.12
冯家镇 2	122.508 333	42.531 389	0.16	0.11
冯家镇 3	122.508 056	42.532 5	0.16	0.10
冯家镇 4	122.507 222	42.532 222	0.17	0.10
丰田乡 1	122.268 056	42.491 667	0.16	0.09
丰田乡 2	122.267 5	42.491 667	0.16	0.10
丰田乡 3	122.267 222	42.492 5	0.17	0.09
丰田乡 4	122.268 056	42.492 778	0.17	0.08
西六家子乡 1	122.636 389	42.251 389	0.19	0.09
西六家子乡 2	122.637 222	42.250 833	0.17	0.07
西六家子乡 3	122.638 056	42.251 111	0.18	0.07
西六家子乡 4	122.636 944	42.251 944	0.19	0.06

　　由模型计算的土壤含水量与实测的 10 cm 深度土壤含水量数据进行分析,二者的分析结果见表4-18、图4-13。

表 4-18 实测与模型计算土壤含水量(10 cm)对比

采样点	东经(°)	北纬(°)	4 月 PDI 值	土壤含水量 (10 cm)	土壤含水量 模型计算
兴隆堡镇 1	122.608 611	42.453 889	0.17	0.08	0.07
兴隆堡镇 2	122.607 5	42.454 167	0.16	0.11	0.10
兴隆堡镇 3	122.607 5	42.453 333	0.17	0.10	0.10
兴隆堡镇 4	122.608 056	42.453 056	0.17	0.10	0.11
冯家镇 1	122.507 5	42.531 111	0.17	0.11	0.12
冯家镇 2	122.508 333	42.531 389	0.16	0.11	0.11
冯家镇 3	122.508 056	42.532 5	0.16	0.13	0.10
冯家镇 4	122.507 222	42.532 222	0.17	0.09	0.09
丰田乡 1	122.268 056	42.491 667	0.16	0.08	0.09
丰田乡 2	122.267 5	42.491 667	0.16	0.08	0.10
丰田乡 3	122.267 222	42.492 5	0.17	0.09	0.09
丰田乡 4	122.268 056	42.492 778	0.17	0.08	0.08
西六家子乡 1	122.636 389	42.251 389	0.19	0.07	0.09
西六家子乡 2	122.637 222	42.250 833	0.17	0.08	0.07
西六家子乡 3	122.638 056	42.251 111	0.18	0.07	0.07
西六家子乡 4	122.636 944	42.251 944	0.19	0.06	0.06

　　根据模型计算出来的土壤含水量与实测土壤含水量的相关性,反演与实测土壤含水量的复相关系数为 0.598 6,由模型计算出来的土壤含水量数据与实测土壤含水量数值的大小之间存在三种关系:大于、等于或者小于。但是整体来说,运用垂直干旱指数模型计算得到的土壤含水量与实测数据的相关性较好。

　　根据实测土壤含水量与模型计算土壤含水量的精度和相对误差(见表 4-19),最高精度为 99.27%,最低精度为 78.68%,平均精度为 91.25%。整体反演效果较好。最大相对误差为 27.10%,最小相对误差

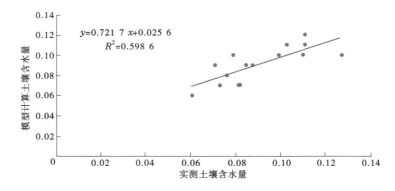

图 4-13　土壤含水量相关性分析（10 cm）

为 0.73%，平均相对误差为 9.59%。综上分析结果，深度为 10 cm 的反演结果比较理想。

表 4-19　实测与模型计算土壤含水精度和误差（10 cm）

采样点	东经（°）	北纬（°）	土壤含水量（10 cm）	土壤含水量模型计算	精度（%）	相对误差（%）
兴隆堡镇 1	122.608 611	42.453 889	0.08	0.07	86.40	13.60
兴隆堡镇 2	122.607 5	42.454 167	0.11	0.10	91.03	8.97
兴隆堡镇 3	122.607 5	42.453 333	0.10	0.10	99.12	0.89
兴隆堡镇 4	122.608 056	42.453 056	0.10	0.11	93.43	7.03
冯家镇 1	122.507 5	42.531 111	0.11	0.12	92.33	8.31
冯家镇 2	122.508 333	42.531 389	0.11	0.11	99.27	0.73
冯家镇 3	122.508 056	42.532 5	0.13	0.10	78.75	21.25
冯家镇 4	122.507 222	42.532 222	0.09	0.09	97.39	2.68
丰田乡 1	122.268 056	42.491 667	0.09	0.09	93.82	6.59
丰田乡 2	122.267 5	42.491 667	0.08	0.10	78.71	27.04
丰田乡 3	122.267 222	42.492 5	0.09	0.09	97.32	2.76
丰田乡 4	122.268 056	42.492 778	0.08	0.08	95.12	5.13
西六家子乡 1	122.636 389	42.251 389	0.07	0.09	78.68	27.10
西六家子乡 2	122.637 222	42.250 833	0.07	0.07	85.59	14.41
西六家子乡 3	122.638 056	42.251 111	0.07	0.07	96.20	3.80
西六家子乡 4	122.636 944	42.251 944	0.06	0.06	96.77	3.23

　　由模型计算的土壤含水量(见表 4-20)与实测的 20 cm 深度土壤含水量数据进行分析结果见表 4-21,同样对二者的相关性进行分析,分析结果如图 4-14 所示。

表 4-20　模型计算的土壤含水量(20 cm)

采样点	东经(°)	北纬(°)	4 月 PDI 值	土壤含水量模型计算
兴隆堡镇 1	122.608 611	42.453 889	0.17	0.07
兴隆堡镇 2	122.607 5	42.454 167	0.16	0.11
兴隆堡镇 3	122.607 5	42.453 333	0.17	0.10
兴隆堡镇 4	122.608 056	42.453 056	0.17	0.11
冯家镇 1	122.507 5	42.531 111	0.17	0.11
冯家镇 2	122.508 333	42.531 389	0.16	0.11
冯家镇 3	122.508 056	42.532 5	0.16	0.09
冯家镇 4	122.507 222	42.532 222	0.17	0.07
丰田乡 1	122.268 056	42.491 667	0.16	0.10
丰田乡 2	122.267 5	42.491 667	0.16	0.07
丰田乡 3	122.267 222	42.492 5	0.17	0.09
丰田乡 4	122.268 056	42.492 778	0.17	0.08
西六家子乡 1	122.636 389	42.251 389	0.19	0.09
西六家子乡 2	122.637 222	42.250 833	0.17	0.07
西六家子乡 3	122.638 056	42.251 111	0.18	0.07
西六家子乡 4	122.636 944	42.251 944	0.19	0.06

表4-21　实测与模型计算土壤含水量(20 cm)对比

采样点	东经(°)	北纬(°)	4月 PDI 值	土壤含水量(20 cm)	土壤含水量模型计算
兴隆堡镇1	122.608 611	42.453 889	0.17	0.08	0.07
兴隆堡镇2	122.607 5	42.454 167	0.16	0.10	0.11
兴隆堡镇3	122.607 5	42.453 333	0.17	0.09	0.10
兴隆堡镇4	122.608 056	42.453 056	0.17	0.09	0.11
冯家镇1	122.507 5	42.531 111	0.17	0.10	0.11
冯家镇2	122.508 333	42.531 389	0.16	0.11	0.11
冯家镇3	122.508 056	42.532 5	0.16	0.10	0.09
冯家镇4	122.507 222	42.532 222	0.17	0.08	0.07
丰田乡1	122.268 056	42.491 667	0.16	0.09	0.10
丰田乡2	122.267 5	42.491 667	0.16	0.07	0.07
丰田乡3	122.267 222	42.492 5	0.17	0.07	0.09
丰田乡4	122.268 056	42.492 778	0.17	0.09	0.08
西六家子乡1	122.636 389	42.251 389	0.19	0.07	0.09
西六家子乡2	122.637 222	42.250 833	0.17	0.08	0.07
西六家子乡3	122.638 056	42.251 111	0.18	0.06	0.07
西六家子乡4	122.636 944	42.251 944	0.19	0.06	0.06

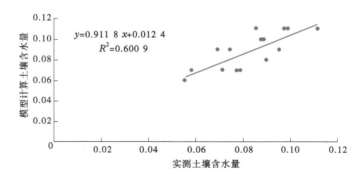

图4-14　土壤含水量相关性分析 (20 cm)

根据模型计算出来的土壤含水量与实测土壤含水量的相关性,反演与实测土壤含水量的复相关系数为 0.600 9,相较于深度为 10 cm 的土壤含水量的复相关系数值有所增加,同时也说明深度为 20 cm 的土壤含水量运用垂直干旱指数模型更精确,即该模型更适用于研究区深度为 20 cm 的干旱监测。由模型计算出来的土壤含水量数据与实测土壤含水量数值的大小之间存在三种关系:大于、等于或者小于。但是从整体的数据分析来说,运用垂直干旱指数模型计算得到的土壤含水量与实测数据的相关性较理想。

根据实测土壤含水量与模型计算土壤含水量的精度和相对误差(见表 4-22),最高精度为 98.64%,最低精度为 76.76%,平均精度为 88.53%。整体反演效果较好。最大相对误差为 30.27%,最小相对误差为 1.36%,平均相对误差为 13.15%。综上分析结果,深度为 20 cm 的反演结果略差于深度为 10 cm 的反演结果,但整体上反演效果较好。

表 4-22　实测与模型计算土壤含水量精度和相对误差(20 cm)

采样点	东经(°)	北纬(°)	土壤含水量(20 cm)	土壤含水量模型计算	精度(%)	相对误差%
兴隆堡镇 1	122.608 611	42.453 889	0.08	0.07	89.77	10.23
兴隆堡镇 2	122.607 5	42.454 167	0.10	0.11	88.58	12.89
兴隆堡镇 3	122.607 5	42.453 333	0.09	0.10	88.91	12.47
兴隆堡镇 4	122.608 056	42.453 056	0.09	0.11	77.68	28.73
冯家镇 1	122.507 5	42.531 111	0.10	0.11	90.08	11.01
冯家镇 2	122.508 333	42.531 389	0.11	0.11	98.64	1.36
冯家镇 3	122.508 056	42.532 5	0.10	0.09	94.55	5.45
冯家镇 4	122.507 222	42.532 222	0.08	0.07	90.62	9.38
丰田乡 1	122.268 056	42.491 667	0.09	0.10	87.62	14.13
丰田乡 2	122.267 5	42.491 667	0.07	0.07	98.14	1.86
丰田乡 3	122.267 222	42.492 5	0.07	0.09	76.76	30.27
丰田乡 4	122.268 056	42.492 778	0.09	0.08	89.16	10.84
西六家子乡 1	122.636 389	42.251 389	0.09	0.07	82.85	20.70
西六家子乡 2	122.637 222	42.250 833	0.08	0.07	88.21	11.79
西六家子乡 3	122.638 056	42.251 111	0.06	0.07	83.04	20.42
西六家子乡 4	122.636 944	42.251 944	0.06	0.06	91.91	8.81

根据模型计算的土壤含水量(见表 4-23)与实测的 30 cm 深度土壤含水量数据进行对比分析(结果见表 4-24),二者的分析结果如图 4-15 所示。

表 4-23　模型计算的土壤含水量(30 cm)

采样点	东经(°)	北纬(°)	4 月 PDI 值	土壤含水量模型计算
兴隆堡镇 1	122.608 611	42.453 889	0.17	0.09
兴隆堡镇 2	122.607 5	42.454 167	0.16	0.10
兴隆堡镇 3	122.607 5	42.453 333	0.17	0.09
兴隆堡镇 4	122.608 056	42.453 056	0.17	0.11
冯家镇 1	122.507 5	42.531 111	0.17	0.08
冯家镇 2	122.508 333	42.531 389	0.16	0.11
冯家镇 3	122.508 056	42.532 5	0.16	0.12
冯家镇 4	122.507 222	42.532 222	0.17	0.06
丰田乡 1	122.268 056	42.491 667	0.16	0.12
丰田乡 2	122.267 5	42.491 667	0.16	0.07
丰田乡 3	122.267 222	42.492 5	0.17	0.09
丰田乡 4	122.268 056	42.492 778	0.17	0.09
西六家子乡 1	122.636 389	42.251 389	0.19	0.09
西六家子乡 2	122.637 222	42.250 833	0.17	0.08
西六家子乡 3	122.638 056	42.251 111	0.18	0.07
西六家子乡 4	122.636 944	42.251 944	0.19	0.06

表 4-24 实测与模型计算土壤含水量(30 cm)对比

采样点	东经(°)	北纬(°)	4 月 PDI 值	土壤含水量 (30 cm)	土壤含水量 模型计算
兴隆堡镇 1	122.608 611	42.453 889	0.17	0.08	0.07
兴隆堡镇 2	122.607 5	42.454 167	0.16	0.10	0.11
兴隆堡镇 3	122.607 5	42.453 333	0.17	0.09	0.10
兴隆堡镇 4	122.608 056	42.453 056	0.17	0.09	0.11
冯家镇 1	122.507 5	42.531 111	0.17	0.10	0.11
冯家镇 2	122.508 333	42.531 389	0.16	0.11	0.11
冯家镇 3	122.508 056	42.532 5	0.16	0.10	0.09
冯家镇 4	122.507 222	42.532 222	0.17	0.08	0.07
丰田乡 1	122.268 056	42.491 667	0.16	0.09	0.10
丰田乡 2	122.267 5	42.491 667	0.16	0.07	0.07
丰田乡 3	122.267 222	42.492 5	0.17	0.07	0.09
丰田乡 4	122.268 056	42.492 778	0.17	0.09	0.08
西六家子乡 1	122.636 389	42.251 389	0.19	0.07	0.09
西六家子乡 2	122.637 222	42.250 833	0.17	0.08	0.07
西六家子乡 3	122.638 056	42.251 111	0.18	0.06	0.07
西六家子乡 4	122.636 944	42.251 944	0.19	0.06	0.06

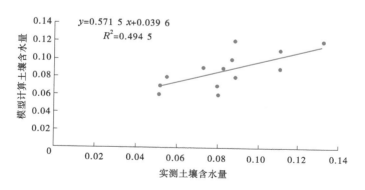

图 4-15 土壤含水量相关性分析 (30 cm)

与深度为 10 cm 和 20 cm 土壤含水量相关性分析结果比较,深度为 30 cm 的土壤含水量相关性最差,其相关系数为 0.494 5。由 2016

年6月6日的数据构建的垂直干旱指数模型相关性数据可知,深度为30 cm 的垂直干旱指数与实测土壤含水量的相关性结果差。因此,在运用该模型进行验证30 cm 深度的土壤含水量时得到的结果也偏差,比较合理。由模型计算出来的土壤含水量数据与实测土壤含水量数值的大小之间存在三种关系:大于、等于或者小于。但是从整体的数据分析来说,运用垂直干旱指数模型计算得到的土壤含水量与实测数据的相关性并不高。构建的基于垂直干旱指数的模型对深度为30 cm 的干旱监测效果不理想,有待使用其他的干旱监测指标进一步研究和完善。

由深度30 cm 的精度和相对误差(见表4-25)可知,最高精度为99.05%,最低精度为73.80%,平均精度为84.29%。相对误差分析中,最大的相对误差为43.77%,最小相对误差为0.95%,平均相对误差为18.49%。与深度10 cm、20 cm 的反演结果相比,深度30 cm 的反演精度较差,相对误差偏大,反演效果不理想。

表4-25　实测与模型计算土壤含水量(30 cm)精度和相关误差

采样点	东经(°)	北纬(°)	土壤含水量 (30 cm)	土壤含水量 模型计算	精度(%)	相对误差 (%)
兴隆堡镇1	122.608 611	42.453 889	0.07	0.09	82.04	21.89
兴隆堡镇2	122.607 5	42.454 167	0.09	0.10	87.27	14.59
兴隆堡镇3	122.607 5	42.453 333	0.11	0.09	80.95	19.05
兴隆堡镇4	122.608 056	42.453 056	0.11	0.11	99.05	0.95
冯家镇1	122.507 5	42.531 111	0.09	0.08	89.78	10.22
冯家镇2	122.508 333	42.531 389	0.11	0.11	98.76	1.24
冯家镇3	122.508 056	42.532 5	0.13	0.12	90.70	9.30
冯家镇4	122.507 222	42.532 222	0.08	0.06	74.20	25.80
丰田乡1	122.268 056	42.491 667	0.09	0.12	73.80	35.50
丰田乡2	122.267 5	42.491 667	0.08	0.07	87.29	12.71
丰田乡3	122.267 222	42.492 5	0.07	0.06	81.36	22.91
丰田乡4	122.268 056	42.492 778	0.11	0.09	81.07	18.93
西六家子乡1	122.636 389	42.251 389	0.08	0.09	92.59	8.00
西六家子乡2	122.637 222	42.250 833	0.06	0.08	69.55	43.77
西六家子乡3	122.638 056	42.251 111	0.05	0.07	74.31	34.57
西六家子乡4	122.636 944	42.251 944	0.05	0.06	85.90	16.41

通过对不同深度实测土壤含水量与反演出来的土壤含水量的对比

分析,结果表明,深度为 10 cm 和 20 cm 的土壤含水量反演结果分别高出深度为 30 cm 的反演结果 0.104 1 和 0.106 4,虽然实测数据值与反演数据值存在不同的关系,但是数据整体上呈现一定的相关性。通过精度和相对误差分析,10 cm、20 cm 反演效果最理想,10 cm 反演精度平均值为 91.25%,20 cm 反演精度平均值为 88.53%,分别高出 30 cm 反演精度平均值 6.96% 和 4.24%。在相对误差分析中 10 cm、20 cm 的相对误差平均值分别低于 30 cm 相对误差 8.9% 和 5.34%,30 cm 的相对误差平均值偏大 18.49%。综上所述,在旱情监测中,运用遥感手段和垂直干旱指数模型进行监测时,深度小于 20 cm 的干旱监测效果比较理想,深度为 30 cm 或者深度更深的土壤含水量旱情监测有待进一步的研究和探讨。

参 考 文 献

[1] 杨绍锷,闫娜娜,吴炳方.农业干旱遥感监测研究进展[J].遥感信息,2010(1):103-109.

[2] 甘春英,王兮之,李保生,等.连江流域近 18 年来植被覆盖度变化分析[J].地理科学,2011,31(8):1019-1024.

[3] 穆少杰,李建龙,陈奕兆,等.2001—2010 年内蒙古植被覆盖度时空变化特征[J].地理学报,2012,67(9):1255-1268.

[4] 孙艳玲,郭鹏.1982—2006 年华北植被指数时空变化特征[J].干旱区研究,2012,29(2):187-193.

[5] 田国良.土壤水分的遥感监测方法[J].环境遥感,1991,6(2):89-99.

[6] 王鹏新,龚健雅,李小文.条件植被温度指数及其在干旱监测中的应用[J].武汉大学学报(信息科学版),2001,26(5):412-418.

[7] 程肖侠,可欣,王秀英,等.彰武县农业气象灾害的特征分析及防御对策[J].现代农业科学,2009(13):288.

第 5 章   遥感技术在旱情监测中的应用

5.1   基于环境小卫星构建模型的应用情况

5.1.1   模型的应用

本书选用的环境卫星数据重采样的分辨率为 300 m,每个像元点所对应的地表状况是不一样的,研究区内的取样点也不可能反映整个范围的土壤含水量情况,但是通过遥感方法获得的土壤含水量结果可以从宏观角度反映当日的土壤含水量情况。

根据上文所构建的基于改进的温度植被指数计算土壤含水量的线性模型,利用 ENVI 中 Bandmath 功能进行波段运算反演获取研究区的土壤含水量分布情况。以第 2 章提出的干旱等级划分表为依据,研究区的干旱分布情况见表 5-1,土壤干旱等级情况如图 5-1 所示。

辽宁省气象局网站的数据显示,2014 年 7 月以来,受副高压影响全县气温偏高,而降雨量又减少,彰武县西部与北部的 9 个乡(镇)土壤含水量低于 10%,出现了不同程度的伏旱。8 月 23~24 日,彰武县进行了人工降雨,9 月中旬的旱情有所缓解。通过温度植被干旱指数和修正的温度植被干旱指数的反演结果的对比可以发现修正后的模型反演的结果更加符合实际,消除了裸露地表的干旱假象。

(a)2014年7月14日

(b)2014年8月6日

(c)2014年9月18日

图 5-1　彰武县干旱等级分布

表 5-1　　彰武县干旱分布情况　　　　　　　（%）

时间	湿润 （高于 20%）	正常 （15%～20%）	轻旱 （12%～15%）	中旱 （5%～12%）	重旱 （低于 5%）
7 月 14 日	0	62.35	28.2	9.45	0
8 月 6 日	0	28.58	27.11	35.4	8.91
9 月 18 日	2.28	36.62	33.96	27.06	0.08

5.1.2　研究区干旱情况分析

　　研究区彰武县位于辽宁省西北部,属于半干旱地区,研究中反演了该地区 7～9 月的土壤含水量状况,8 月、9 月有 60% 以上的地区处于轻旱状态以上,7 月也有 30% 以上的地区处于轻度干旱以上,可以得出研究区彰武县的干旱情况从 7 月开始逐步加重到达 8 月地区的干旱情况最为严重。研究期间研究区干旱少雨,蒸散发量大部分在 3 mm 以上,8 月的蒸散发量最大,大部分地区的蒸散发量超过 4 mm,与此同时大部分地区的土壤含水量低于 15%,处于轻度干旱以上,研究区 8 月的作物受灾情况最为严重。彰武县地区的满堂红乡、四堡子乡、阿尔乡以及章古台镇的干旱情况一直十分严重,遭受 60 年一遇的大旱,对当地的农业种植造成了严重的影响。

5.1.3　应用效果

　　本章对干旱评价的指标垂直干旱指数、修正的垂直干旱指数和温度植被指数进行了反演计算,并将反演结果与实测土壤含水量值进行了线性回归分析,通过分析可知土壤含水量与 TVDI 的相关性较强,以 TVDI 为干旱评价指标获取研究区的干旱情况分布图,通过这种方法判断干旱情况会受到土壤状况的影响。所以,引入增强植被指数代替归一化植被指数,构建改进的温度植被干旱指数反演土壤含水量,通过 SPSS 软件对 7 月 14 日和 8 月 6 日的所有测点改进的温度植被干旱指数数值与土壤含水量进行皮尔逊相关性分析,发现它们的相关系数可

达 -0.770,利用模型反演 9 月 18 日的土壤含水量,模型的均值为
14.61,实测土壤含水量的均值为 14.57,标准差为 1.800,协方差为
3.242,均方误 *RMSE* 为 0.828。根据土壤含水量对干旱程度进行划
分,研究区内 7~9 月均有 30% 以上处于干旱状态,其中 7 月 14 日的旱
情较轻,8 月 6 日的干旱情况最为严重,有 80% 以上的地区都为干旱状
态,中旱等级达到 35% 以上,研究结果与当地实际情况相符。将反演
得到的土壤含水量结果与实测结果进行对比评价,模型的精度可达到
85% 以上,这一模型对研究区具有较好的监测精度。

5.2　基于 Landsat8 OLI 数据构建模型的应用情况

　　本章通过对温度植被指数法和垂直干旱指数法的概念原理及计算
公式进行介绍,为指数反演做好铺垫。构建 NIR - R 二维特征空间和
NDVI - T$_s$ 特征空间,运用 ENVI 软件中的 Bandmath 工具对两个干旱指
标进行反演,与各深度土壤含水量拟合,并运用 SPSS 软件对二者与土
壤含水量的显著性进行分析。模型构建及运用效果为,温度植被干旱
指数分别与 10 cm、20 cm、30 cm 深度的土壤含水量拟合效果较差,其
中与 30 cm 土壤含水量的拟合效果较好,其复相关系数为 0.383 7。利
用 SPSS 软件对二者的显著性进行分析,分析结果表明,土壤深度为
10 cm 和 20 cm 的土壤含水量与 *TVDI* 在 0.05 水平上显著相关,而深度
为 30 cm 的土壤含水量与 *TVDI* 在 0.01 水平上显著相关;由 PDI 反演
数据与土壤含水量的拟合结果可知,深度 20 cm 的土壤含水量拟合效
果最好,复相关系数为 0.555 5,其次是与 10 cm 深度的土壤含水量拟
合效果为 0.453 2,与 30 cm 深度的土壤含水量拟合效果较差。运用
SPSS 软件对土壤含水量和垂直干旱指数进行显著性分析,结果表明,
土壤深度为 10 cm 和 20 cm 的土壤含水量与垂直干旱指数在 0.01 水
平上显著相关,深度 30 cm 的土壤含水量与垂直干旱指数在 0.05 水平
上显著相关。通过对比分析得出垂直干旱指数更适用于彰武地区的旱
情监测。运用 2016 年 4 月数据对模型进行验证分析,模型验证分析
中,根据模型计算出来的土壤含水量与实测土壤含水量的相关性,深度

为 10 cm 反演与实测土壤含水量的复相关系数为 0.598 6；深度为 20 cm 反演与实测土壤含水量的复相关系数为 0.600 9；深度为 30 cm 的土壤含水量相关性最差，其相关系数为 0.494 5。通过精度和相对误差分析，10 cm、20 cm 反演效果最理想，10 cm 反演精度平均值为 91.25%，20 cm 反演精度平均值为 88.53%，分别高出 30 cm 反演精度平均值 6.96% 和 4.24%。在相对误差分析中 10 cm、20 cm 的相对误差平均值分别低于 30 cm 相对误差 8.9% 和 5.34%，30 cm 的相对误差平均值偏大 18.49%。综上所述，在旱情监测中，针对彰武地区 4~6 月时段，两种旱情监测模型对该地区的适用效果不同，其中，运用遥感手段和垂直干旱指数模型进行监测时，深度小于 20 cm 的干旱监测效果比较理想。

第 6 章　旱情遥感的前景

6.1　环境小卫星展望

　　本书利用 2014 年 7 月 14 日、8 月 6 日和 9 月 18 日的环境卫星数据对彰武县的土壤含水量情况进行了反演,通过增强植被指数修正温度植被干旱指数分析了这一指标与土壤含水量的相关性,用土壤含水量进行干旱等级划分,可以得出以下结论:

　　(1)对于地表干旱情况的监测,用传统的监测方法只能获取点位置的土壤含水量状况,难以满足干旱监测的要求,利用遥感数据及相应的处理平台建立反演模型,可以进行实时、大面积的干旱监测。本书选取具有较高的分辨率和时效性并且容易获取的环境卫星数据作为研究源,为区域干旱监测提供了良好的支持条件。

　　(2)在参数反演过程中,选取基于影像的 Artis 算法反演地表温度,通过像元二分模型计算植被覆盖度,并利用能量平衡方程为基础反演蒸散发,大大降低了反演土壤含水量的计算难度,使反演模型更加易于应用。

　　(3)用于反演土壤含水量的方法有多种,本书选取以地表温度和归一化植被指数为参数的温度植被干旱指数法、基于红波段和近红外波段提取土壤线的垂直干旱指数法和考虑植被覆盖度的修正的垂直干旱指数法进行土壤含水量反演,通过这三个指标与实测土壤含水量值进行拟合分析,发现温度植被干旱指数法的相关性最高,所以可以选取温度植被干旱指数为基本模型评价彰武地区的干旱情况。

　　(4)彰武地区的土壤类型比较多,进行土壤含水量的反演会受到影响,引入增强植被指数、改进温度植被干旱指数,构建适用于彰武地区的土壤含水量反演模型。改进的温度植被干旱指数与 10 cm 的土壤含水量的相关系数可达 − 0.770,以 7 月 14 日和 8 月 6 日的数据构建反演模型,以 9 月 18 日的数据进行验证,模型的精度可达 85% 以上,具有较好的监测效果。

(5)根据模型的反演结果获得彰武地区的干旱等级分布图,并对干旱情况进行评价。研究区在 2014 年 7 月 14 日的干旱情况最轻,有 35% 以上的地区表示出轻旱以上的状态;8 月 6 日的干旱情况最为严重,其中有 44% 以上的地区处于中旱状态以上;9 月 18 日的干旱情况有所缓解。

6.2　Landsat8 展望

本书构建了两种旱情监测模型,通过对比分析两种模型与土壤含水量拟合效果和显著性分析,得出了适用于彰武地区的旱情监测模型。由于作者在研究过程中能力有限,在进行两种旱情监测模型的构建时仍有不足的地方,需要进一步研究和探讨:

(1)每种旱情监测的方法各有利弊,由于干旱的形成是一个复杂的过程,包括地理位置、气候类型等。在选取干旱监测指标时应综合考虑各个方面,不能仅仅局限于某个指标。本书选取了植被指数和地表温度两个指标,对研究结果的精确度有所影响。旱情监测模型应多选取一些影响因素,从而提高结果的精确度。

(2)研究旱情监测的方法较多,每种方法各有利弊,选取旱情监测方法时尽可能选取多种监测方法,然后对比每种方法的精度,选取相关性和显著性最高的方法作为反演模型,从而减少因监测方法选取不当引起的反演精度降低。本书选取了温度植被指数法和垂直干旱指数法两种监测方法,除此之外,土壤热惯量法、温度条件指数法等均可作为旱情监测的方法。

(3)本书中卫星影像图过境时间为凌晨 2 时,而实测数据为中午的数据,因此地表温度反演数据与实测数据相比偏低。考虑到研究精度,实测数据可以选择夜间进行采集或者选择对白天过境的卫星进行研究,从而提高研究精度。

随着科技的发展和干旱监测研究的不断深入，单纯利用一种数据信息或者某一方面的气象信息已经无法刻画干旱等复杂的事件，越来越多的学者开始意识到发展干旱综合监测模型的重要性。旱情监测模型需要综合考虑多方面的影响因素，从而提高研究精度。同时，微波遥感技术也在迅速发展，不同于其他卫星遥感的是微波遥感所提供的波段中具有更多的遥感信息，普通卫星遥感的穿透性和灵敏度较差，而微波遥感表现出极大的优越性。但是，目前我国挟带微波遥感传感器的卫星较少，而国外微波遥感数据昂贵，这些因素导致了微波数据源获取困难，使我国运用微波遥感进行旱情监测的研究相对匮乏。旱情监测需要充分运用各种数据源和各种方法进行研究，通过对不同区域旱情监测的研究，得到适用于各个地区的旱情监测模型，并丰富和发展干旱监测研究。